EisZeitReise Deutschland

36 Entdeckungen vom Chiemsee bis Flensburg

Wilfried Rosendahl, Robert Darga und Doris Döppes

EisZeitReise Deutschland

36 Entdeckungen vom Chiemsee bis Flensburg

Nünnerich-Asmus
Verlag & Media

Impressum

152 Seiten mit 174 Abbildungen und 1 Karte
Titelabbildung: Neandertaler © W. Rosendahl; Mammut mit Landschaft © K. Kreger-Schwerdt & W. Rosendahl, rem.
Bild auf der Buchrückseite: In der Eiszeit unterwegs. © W. Rosendahl.
Frontispiz: Der Höhlenlöwe (*Panthera spelaea*), heute ausgestorben. Sein Name stammt nicht daher, dass die Tiere Höhlen bewohnten, sondern dass die ersten beschriebenen Funde aus einer Höhle stammen. © M. Steinmetz.

Bibliografische Information der Deutschen Nationalbibliothek
Die Deutsche Nationalbibliothek verzeichnet diese Publikation in der Deutschen Nationalbibliografie; detaillierte bibliografische Daten sind im Internet über http://dnb.d-nb.de abrufbar.

ISBN 978-3-96176-181-4

Lektorat: Tina Sieber, Thea Horstick
Gestaltung des Titelbildes: Hans Jürgen Wiehr, Mainz
Gestaltung: Jürgen Franssen, Heidelberg
Druck: Westermann Druck GmbH, Zwickau

Printed in Germany by Nünnerich-Asmus Verlag & Media
Weitere Titel aus unserem Verlagsprogramm finden Sie unter:
www.na-verlag.de

Inhaltsverzeichnis

Vorwort 8

Ein kurzes Wie, Wann und Was zu den Themen Eiszeiten, Eiszeitalter und Eiszeitarchiven 9

Übersichtskarte mit Lage der 36 Entdeckungsorte 20

Bayern

01 Zu Gast bei Mammut, Höhlenlöwe & Co. – Die eiszeitliche Großsäugerfundstelle Siegsdorf 22

02 Vom Eis geformt – Der Gletscherschliff von Fischbach am Inn 26

03 In einer Reihenhöhlensiedlung der Altsteinzeit – Die Klausenhöhlen bei Neuessing im Altmühltal 30

04 Vom Eis vorbereitet, vom Wasser vollendet – Die Breitachklamm bei Oberstdorf 34

Baden-Württemberg

05 Herbstlager der Rentierjäger – Petersfels und Eiszeitpark bei Engen 38

06 Im Reich der Höhlen und Eiszeitkünstler – Blaubeuren, das Achtal und der Hohle Fels bei Schelklingen 42

07 Schatzkammern der Eiszeit – Vogelherdhöhle bei Niederstotzingen und das Lonetal 46

08 Jung gestorben in uralten Zeiten – Der Urmensch von Steinheim und sein Museum 50

09 Spuren eiserfüllter Zeiten – Von Gletschern auf dem Feldberg im Schwarzwald 53

10 Durch den Staub der Eiszeit – Die „Weiße Hohle" bei Nußloch im Rhein-Neckar-Kreis 57

11 Alter Typ mit Entwicklungspotenzial – Der *Homo heidelbergensis* von Mauer an der Elsenz 60

Hessen

12 Dünen ohne Meeresstrand – Der Glockenbuckel bei Viernheim 64

13 Basalt als fossiler Blockgletscher – Der Schafstein bei Wüstensachsen in der Röhn 67

Rheinland-Pfalz
14 Zeugen und Schaufenster eiszeitlichen Lebens am Mittelrhein – Museum Monrepos und der Fundplatz Gönnersdorf bei Neuwied 70

15 Eifelvulkan und Klimatagebuch der letzten Eiszeit – Das Trockenmaar von Auel bei Steffeln 73

Nordrhein-Westfalen
16 Ein spurenreicher Fels – Der Kartstein bei Eiserfey 77

17 Ein ungleiches Paar und ein kranker Hund – Das Doppelgrab von Bonn-Oberkassel 80

18 Geburtsort eines eiszeitlichen Weltstars – Das Neandertal bei Mettmann 84

19 An der südlichsten Grenze des skandinavischen Eisschildes – Der Niederrheinische Hügelzug und die „Sonsbecker Schweiz“ 88

20 Knochenkammer und Klimaarchiv der Eiszeit – Die Dechenhöhle und das Deutsche Höhlenmuseum in Iserlohn-Letmathe 92

Thüringen
21 Eine Quelle der Neandertaler – Der Travertin von Weimar-Ehringsdorf 96

22 Heimat eines der ältesten Mitteleuropäer – Die Steinrinne von Bilzingsleben 100

Sachsen-Anhalt
23 Im Reich des Höhlenbären – Die Rübeländer Höhlen im Landkreis Harz 104

24 Ein großes Knochenpuzzle aus alten Kiesen – Das Steppenmammut von Sangerhausen 107

Sachsen
25 Fußabdruck eines Gletschers – Der Muskauer Faltenbogen bei Bad Muskau 110

Brandenburg
26 Steinreich und schön gelegen – Der Eiszeitgarten Buckow im Naturpark Märkische Schweiz 114

Berlin
27 Im Tal der abfließenden Schmelzwässer – Der Weiße See in Berlin-Pankow 117

Niedersachsen
28 Vom Einhorn zum Neandertaler – Die Einhornhöhle bei Scharzfeld am Harz 120

29 Mit der Kraft des nordischen Eises – Die Gletscherschrammen von Velpke 124

30 Speere aus der Altsteinzeit – Die Fundstelle Schöningen und das Paläon 127

Mecklenburg-Vorpommern
31 Geformt in eiskalten Zeiten – Die Eiszeitlandschaft um Waren (Müritz) 131

32 Gestaucht und gedrückt in eisigen Zeiten – Die Insel Rügen 135

Hamburg
33 Gewichtiger Bote aus eisigen Zeiten – Der Findling „Alter Schwede" bei Hamburg-Övelgönne 139

Schleswig-Holstein
34 Mit Pfeil und Bogen auf Rentierjagd – Stellmoor im Ahrensburger Tunneltal 142

35 Von zwei Eiszeiten geformt– Der Bungsberg bei Oldenburg (Holstein) 145

36 Am Ort des eisigen Geschehens – Eiszeit-Haus und Findlingsgarten in Flensburg 148

Anhang
Danksagung 151
Bildnachweis 151

Vorwort

Der Begriff „Eiszeit" wurde 1837 durch den gebürtigen Mannheimer Karl Friedrich Schimper (1803–1867) eingeführt. Heute wird die Bezeichnung im wissenschaftlichen wie im populären Sprachgebrauch weltweit verwendet.

In den letzten 2,6 Millionen Jahren, dem Quartär, gab es einen mehrfachen Wechsel von Kalt- und Warmzeiten. Die letzte Kaltzeit endete vor 11.700 Jahren. Seitdem leben wir in einer Warmzeit, dem jüngsten Teil dieses Eiszeitalters. Die vorgestellten Exkursionspunkte liegen zeitlich in den letzten 600.000 Jahren und stammen aus mehreren Kalt- und Warmzeiten, wobei jene aus der letzten Kaltzeit einen großen Teil einnehmen.

Eiszeit in Deutschland heißt nicht, dass während der Kaltzeiten das gesamte Gebiet vergletschert war. Im Süden waren die Alpen und ihr Vorland eisbedeckt. In Norddeutschland reichten die skandinavischen Gletscher in den letzten 400.000 Jahren mehrfach bis an die Mittelgebirge, einmal sogar bis an den Niederrhein. Das Gebiet dazwischen war immer eisfrei und Lebensraum für zahlreiche Tier- und Pflanzenarten und unterschiedliche Menschenformen. In den Warmzeiten boten auch der Alpenraum und das gesamte norddeutsche Gebiet gute Lebensgrundlagen.

Die Zeugnisse der verschiedenen Kalt- und Warmzeiten in Deutschland sind sehr vielfältig. Es gibt Spuren in Höhlen und im Freiland, in Alpen- und Flusstälern, im Tiefland und in den Mittelgebirgen, in Seen und an der Küste. Oft werden Fund- und Entdeckungsorte durch Museen, Besucherzentren, Themenwege, Infotafeln und Führungen erlebbar.

Für dieses Buch wurden 36 Lokalitäten aus fast allen Bundesländern ausgewählt. Das bedeutet, dass manche/r Leser/in Orte vermissen wird, die es sicherlich auch verdient hätten, aufgenommen zu werden. Die Auswahl der einzelnen „Entdeckungen" unterliegt keinerlei Wertung. Es sollte die Vielfalt der Eiszeitarchive, die verschiedenartigen Funde und Ablagerungen vorgestellt werden. Weltberühmtheiten wie z. B. das Neandertal oder das UNESCO-Welterbe „Höhlen- und Eiszeitkunst der Schwäbischen Alb" durften selbstverständlich nicht fehlen. Wichtig war auch, dass man Orte besuchen kann, die zusätzliche Erlebnisse sowie weiterführende Informationen anbieten. Daher beschränkt sich dieser Führer bewusst auf kurze, einführende Texte, ausgewählte Abbildungen und weiterführende Infos je Lokalität.

Wir wünschen spannende Entdeckungen im „Eiszeitland" Deutschland.

WR/RD/DD

Ein kurzes Wie, Wann und Was zu den Themen Eiszeiten, Eiszeitalter und Eiszeitarchiven

Was ist eine Eiszeit?

Als Eiszeit oder Kaltzeit bezeichnet man eine Zeitspanne von mehreren Jahrzehntausenden oder Jahrhunderttausenden mit tieferen Temperaturen und entsprechender Vergletscherung in Gebirgs- und Polarregionen oder auch darüber hinaus. Die Tier- und Pflanzenwelt in den betroffenen Gebieten ist durch kältetolerante Arten gekennzeichnet.

Zwischen den Kaltzeiten liegen Warmzeiten. Es handelt sich um Phasen zumeist deutlich kürzerer Dauer, mit deutlich höheren Temperaturen und deutlich geringerer Vergletscherung. Die Tier- und Pflanzenwelt ist durch wärmeliebende Arten geprägt. Kaltzeiten sind keine einheitlichen und durchgängig kalten Phasen. Auch innerhalb dieser Zeiten kann es zu kürzeren Klimaschwankungen kommen. Die wärmeren, aber unter der heutigen Durchschnittstemperatur liegenden Abschnitte bezeichnet man als Interstadiale und die kälteren als Stadiale. Diese Abschnitte sind von unterschiedlicher Dauer, können aber auch mehrere 100 oder sogar mehrere 1.000 Jahre umfassen.

Woher weiß man, dass es Eiszeiten gab?

In den 1830er Jahren erkannte man vor allem über Beobachtungen in den Schweizer Westalpen, dass große, vereinzelt im Vorland liegende Gesteinskörper nur über einen Gletschertransport dahin gekommen sein können. Es musste also Zeiten mit weit ins Alpenvorland reichenden Vergletscherungen gegeben haben. Da viele dieser Felsblöcke an Stellen lagen, deren Gestein nicht mit dem der antransportierten Gesteine übereinstimmte, nannte man sie erratische (also „verirrte“) Steine. Heute werden solche Steine aber als Findlinge bezeichnet.

Die Urheber der ersten wissenschaftlich begründeten „Eiszeittheorie“ waren der deutsche Geologe Johann von Charpentier (1786–1855), der Schweizer Ingenieur und Naturforscher Ignaz Venetz (1788–1859) und der deutsche Naturforscher Karl Friedrich Schimper (1803–1867). Schimper war es auch, der 1837 erstmals den Begriff „Eiszeit“ aufbrachte und veröffentlichte.

Das gesamte von Gletschern abgelagerte Sediment ist typischer Weise vollkommen unsortiert, enthält also eine Grundmasse aus tonigem Material und das gesamte Korngrößenspektrum von Sand, Kies und Stein bis hin zu Blöcken von mehreren Hundert Tonnen Gewicht. Ein solches Sediment sind die Moränen, die auch in typischer Weise im Gelände verbreitet sind und oft auch Wälle bilden. Ebenfalls charakteristisch sind

Schrammen („Kratzer") auf Gesteinen, über die ein Gletscher mit seiner in ihm eingefrorenen Gesteinsfracht geflossen ist. Solche Schrammen findet man sowohl auf dem felsigen, fest verankerten Untergrund (also Gletscherschliffen) als auch auf einzelnen Komponenten, den „gekritzten Geschieben", die in den Moränen stecken.

Über Gletschern kühlt die Luft stark ab und fließt als kalter, starker Fallwind vom Gletscher weg. Dabei wird aus dem vor dem Gletscher liegenden Gelände Feinmaterial ausgeblasen, das weiter weg als Löss ablagert wird. Auch in großen Flusstälern, z. B. dem Oberrheingraben, kam es in kalten, vegetationslosen Zeiten zu solchen Feinmaterialauswehungen.

Moränen, Findlinge, Gletscherschliffe, Flugsand, Löss und auch andere Ablagerungen sind wichtige Landschaftszeugen für eine oder mehrere ehemalige Kaltzeiten, auch wenn diese schon weit zurück liegen.

Die jüngeren eiszeitlichen Ablagerungen – weil sie im Normalfall in der Schichtfolge oben auf den älteren liegen, die teilweise auch schon wieder abgetragen wurden – sind im Gelände am häufigsten anzutreffen.

Wie entstehen Eiszeiten?

Die Entstehung und Dauer von Eiszeiten haben viele verschiedene Ursachen. So kann z. B. die Lage der Kontinente zueinander, ihre Nähe zu den Polen, die Gebirgsbildung, die Vulkanaktivität, die Lage von Meeresverbindungen und der Verlauf von Meeresströmungen eine Rolle spielen. Eine der Hauptursachen liegt aber nicht auf der Erde selbst, sondern in Schwankungen der Umlaufbahn der Erde um die Sonne. Gemeint sind immer wiederkehrende Veränderungen in der Neigung der Erdachse zur Erdbahnebene (Obliquität), in der Umlaufbahn der Erde um die Sonne (Exzentrizität) und in den Schwingungen der Erdachse um die Erdbahnebene (Präzession). Diese auch als Erdbahnelemente oder Erdbahnparameter bezeichneten Eigenschaften führen zu Schwankungen in der Sonneneinstrahlung auf der Erde (s. Abb. 1).

Immer dann, wenn die Erde am weitesten von der Sonne entfernt war und dann auch noch die Neigung der Erdachse und der Erdbahnebene zu einer besonders geringen Sonneneinstrahlung führten, kam es in den zurückliegenden Jahrhunderttausenden immer wieder zu Kaltzeiten. Dieses Phänomen ist unter dem Begriff Milanković-Zyklen bekannt. Die Schwankungen in der Aktivität der Sonne selbst haben ebenfalls einen Einfluss.

Es müssen verschiedene sich verstärkende Parameter auf der Erde selbst, z. B. vermehrt Vulkanausbrüche, spezielle Kontinentallagen und/

oder Meeresströmungsverläufe und im Weltraum zusammenkommen, um eine Eiszeit bzw. ein Eiszeitalter auszulösen.

Was ist ein Eiszeitalter?

Als Eiszeitalter bezeichnet man Abschnitte in der Erdgeschichte, in denen mindestens ein Pol vergletschert ist. Wir leben also derzeit in einem Eiszeitalter. Innerhalb eines Eiszeitalters kommt es zu Klimaänderungen bzw. zu einem Wechsel von mehreren kälteren und wärmeren Phasen. Die kalten Phasen sind durch Temperaturabsenkung und Gletscherwachstum gekennzeichnet und werden als Kaltzeiten oder Glaziale bezeichnet. Gemeinhin werden solche Kaltzeiten im populären Sinne auch mit dem Begriff „Eiszeiten" belegt. Die dazwischen liegenden, warmen Phasen zeigen dagegen eine Temperaturerhöhung mit teilweisem Abbau der Gletschermassen. Sie werden als Warmzeiten oder Interglaziale bezeichnet.

Zur Abgrenzung vom populär geläufigen Begriff „Eiszeit" ist es daher wichtig, bei erdgeschichtlichen Abschnitten mit mehreren Kalt- und Warmzeiten von einem Eiszeitalter zu sprechen.

Abb. 1
Darstellung der drei Erdbahnparameter (Exzentrität, Obliquität, Präzession) mit den wesentlichen Änderungen in Position und Umlaufbahn der Erde sowie der jeweiligen Dauer der Perioden und der Zyklen der letzten eine Million Jahre.

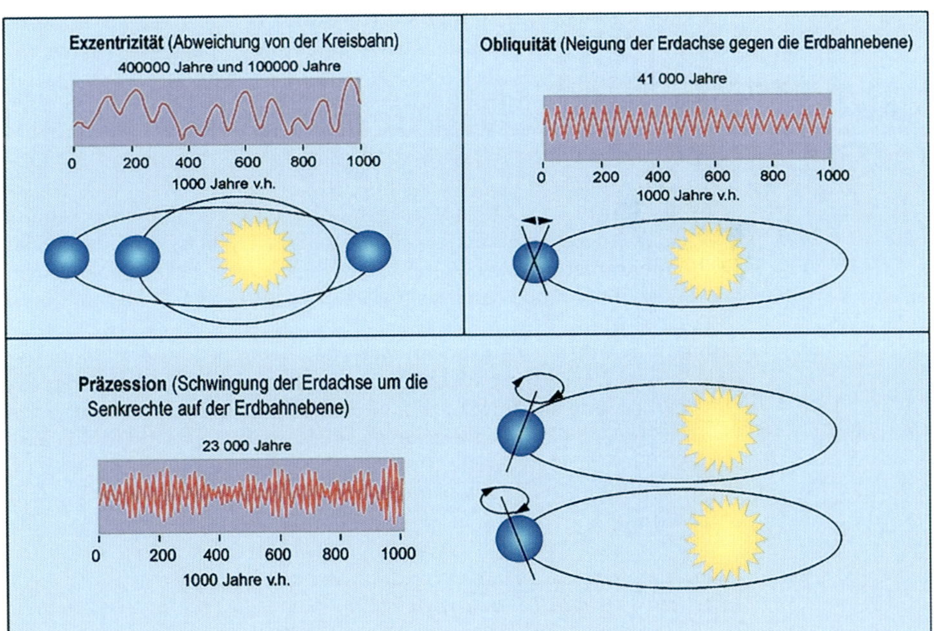

Wann gab es Eiszeitalter auf der Erde?

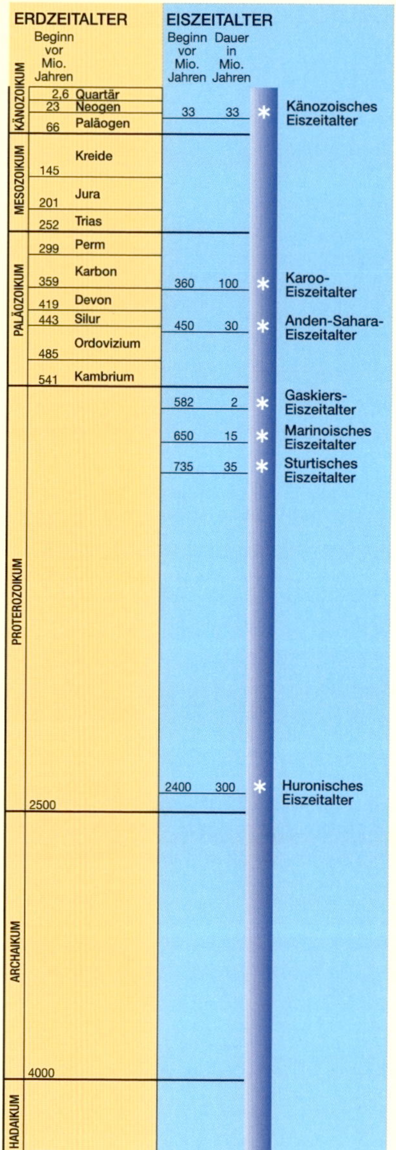

Auch wenn die Erde eigentlich ein „warmer" bzw. zumeist weitestgehend eisfreier Planet ist, so gab es im Verlauf der Erdgeschichte immer wieder Eiszeitalter von unterschiedlicher Dauer und mit großen Vereisungsphasen (s. Abb. 2). Das früheste bekannte Eiszeitalter (huronische Vereisung) gab es im Proterozoikum vor etwa 2,4 Milliarden Jahren. Zu einer fast kompletten Eisbedeckung der Erde („Schneeball-Erde") soll es während zweier Eiszeitalter (sturtische und marinoische Vereisung) am Ende des Proterozoikums im Zeitraum von vor 735 bis 635 Millionen Jahren gekommen sein. Weitere bedeutende Eiszeitalter gab es z. B. an der Grenze Ordovizium/Silur vor etwa 450 Millionen Jahren (Anden-Sahara-Vereisung) und an der Grenze Karbon/Perm vor etwa 360 Millionen Jahren (permokarbonische oder Karoo-Vereisung). Das aktuelle Eiszeitalter wird, wenn der Beginn der Vergletscherung der Antarktis vor etwa 34 Millionen Jahren als Startpunkt gesehen wird, als känozoisches Eiszeitalter bezeichnet. Legt man jedoch die zusätzliche Vereisung der Arktis vor etwa 2,6 Millionen Jahren zugrunde, spricht man vom quartären Eiszeitalter.

Wie viele Eiszeiten und Warmzeiten gab es im jüngsten Eiszeitalter?

Das jüngste, das quartäre Eiszeitalter begann vor etwa 2,6 Millionen Jahren und dauert bis heute an. Man bezeichnet diese erdgeschichtliche Periode auch als Quartär. Während dieser Zeit gab es, wie z. B. die Isotopenuntersuchungen an Meeresablagerungen und Eisbohrkernen (s. S. 16) zeigen, zahlreiche Wechsel von Kalt- und Warmzeiten. Allein der Zeitraum der letzten einen Million Jahre lässt sich in 24 Einheiten mit je zwölf größeren Kalt- und Warmzeiten gliedern.

Abb. 2
Darstellung der wichtigsten und größten Eiszeitalter über den Verlauf der Erdgeschichte.

Das Quartär gliedert sich in die Epochen „Pleistozän“ und „Holozän“. Das Pleistozän wird in drei Einheiten unterteilt. Dies sind das Alt-/Unterpleistozän (2,6 Millionen bis vor 780.000 Jahre), das Mittelpleistozän (780.000 bis vor 126.000 Jahre) und das Ober-/Jungpleistozän (126.000 bis vor 11.700 Jahre).

Das Holozän ist die jüngste Einheit bzw. die heutige Warmzeit. Sie begann vor 11.700 Jahren und wird auch als geologische Jetztzeit bezeichnet.

In diesem Buch werden nur Lokalitäten vorgestellt, die dem quartären Eiszeitalter bzw. dem Quartär zuzurechnen sind und hier auch nur welche aus dem Mittel- und Ober-/Jungpleistozän.

Wann gab es die letzte Eiszeit?

Die letzte Eiszeit wird als Würm-Kaltzeit (Süddeutschland/Alpenraum) oder Weichsel-Kaltzeit (Norddeutschland/Skandinavien) bezeichnet und ist die letzte Kaltzeit im känozoischen bzw. quartären Eiszeitalter. Sie begann vor etwa 115.000 Jahren und endete vor 11.700 Jahren (s. Abb. 3). Wenn in der Öffentlichkeit von Eiszeit bzw. einer eiszeitlichen Lebenswelt die Rede ist, dann ist meistens diese Kaltzeit gemeint. In der letzten Eiszeit war es nicht durchgängig kalt. Aufgrund von Klimaschwankungen können mehrere kalte (Stadiale) und wärmere (Interstadiale) Phasen unterschieden werden. Die maximale Eisausdehnung gab es in der letzten Kaltphase vor etwa 20.000 Jahren (s. Abb. 4). Während die Gletscher aus den Alpen nach Norden bis auf eine Linie ungefähr Genf-Singen-München-Admont vorstießen, reichte der Eisschild aus Skandinavien nach Süden bis an eine Linie ungefähr Hamburg-Brandenburg/Havel-Warschau.

Abb. 3 Pflanzenwelt und Klima im Verlauf der letzten 130.000 Jahre in Mitteleuropa.

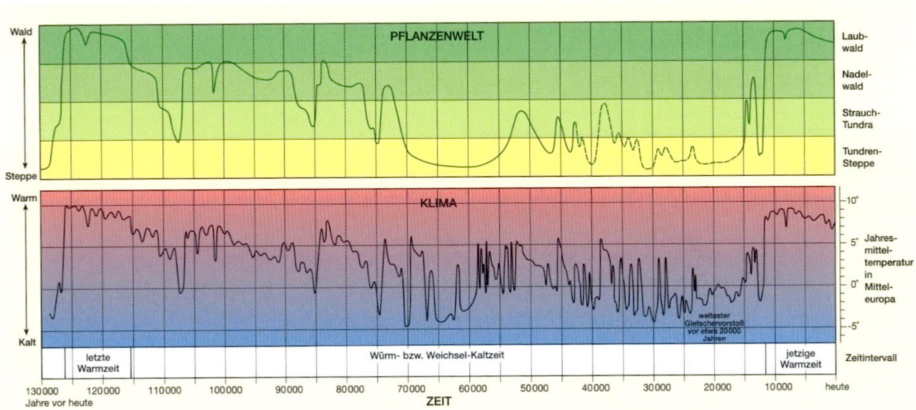

Abb. 4
Vereisungsgrenzen während der letzten beiden Kaltzeiten in Deutschland: Die weiße Fläche stellt die vergletscherten Gebiete der Weichsel/Würm-Vereisung zum Kältemaximum vor ca. 20.000 Jahren dar.
Die hellgraue Fläche ohne Relief markiert Eisbedeckung und -grenze der vorletzten Eiszeit vor 150.000 Jahren.

Was sind Eiszeitarchive?

Eiszeitarchive sind Ablagerungen und deren Inhalte sowie Funde, welche durch die Anwendung unterschiedlicher Analysemethoden vielfältige Erkenntnisse über Klima, Leben und Umwelt während der Kalt- und Warmzeiten eines Eiszeitalters liefern. Mithilfe von verschiedenen physikalischen Datierungsmethoden, z. B. der ^{14}C- oder Radiokarbonmethode, können die Ablagerungen selbst oder die Inhalte zeitlich erfasst und einer bestimmten Phase eines Eiszeitalters zugeordnet werden.

A) Skelettreste von Tieren

Angepasst an die jeweiligen Lebensverhältnisse in den verschiedenen Klimaphasen gab es eine charakteristische Tierwelt. In den Kaltzeiten lebte z. B. das Mammut, in den Warmzeiten der Waldelefant. Finden sich in Ablagerungen kälteliebende Tierarten wie Mammut, Wollhaarnashorn oder Moschusochse, so zeigen diese an, dass diese in Kaltzeiten entstanden sind. Da Kleinsäuger wie z. B. Mäuse durch Artenwechsel schneller auf Klimaschwankungen reagieren als Großsäuger, lassen sich mit ihren Skelettresten Ablagerungen hinsichtlich Klimaschwankungen feiner untergliedern.

B) Tropfsteine

Das Wachstum von Tropfsteinen ist an das Vorhandensein von Niederschlags- und Sickerwasser gebunden. Auf dem Weg durch den Boden nimmt Sickerwasser zusätzlich Kohlendioxid auf, sodass sich vermehrt Kohlensäure bildet, welche den Kalkstein löst. Im Höhleninnern geht das Kohlendioxid als Gas in die Luft und der Kalk fällt aus: Ein Tropfstein bildet sich. Tropfsteine wachsen langsam und regelmäßig über längere Zeitphasen. Ein Wachstum ist aber nur in Zeiten möglich, in denen der Boden nicht dauerhaft gefroren ist und Niederschlag durch den Boden sickern kann. Mithilfe von chemischen Analysen der Zusammensetzung der Tropfsteine, z. B. dem Sauerstoffisotopenverhältnis ($^{16}O/^{18}O$) sind Aussagen über Temperatur und Niederschlag in der Region über der Höhle während der Bildungszeit des Tropfsteins möglich. Die Bestimmung der Bildungszeit von Tropfsteinlagen kann über die Datierung mit der Uran-Thorium-Methode erfolgen.

C) Pollen

Blütenstaub kommt in der Natur in großen Mengen vor, ist weit verbreitet und sehr stabil. Er kann in Ablagerungen über viele Jahrtausende erhalten bleiben. Mit mikroskopischen Untersuchungen können Pollen gezählt und auf Gattung oder Art bestimmt werden. Daraus ergibt sich für jede Schicht ein Vegetationsbild. Aus der Kenntnis der Umweltanforderungen der Pflanzen lässt sich ableiten, welche Klimabedingungen zur Bildungszeit herrschten. Silberwurz und Zwergbirke z. B. sind Kälteanzeiger, Buche und Hasel brauchen ein gemäßigtes Klima. Sind die untersuchten Schichten datiert, ist eine Zuordnung zu einer bestimmten Klimaphase möglich.

D) Eisbohrkerne

Dabei handelt es sich um Bohrkerne aus den Landeisschilden der Erde, vor allem aus Grönland und der Antarktis. Die Eisschilde können über 3.000 m dick und zum Teil mehrere hunderttausend Jahre alt sein. Mit zunehmender Tiefe werden die Schichten dünner und älter. An den Bohrkernen wird für jede Schicht die chemische Zusammensetzung, z. B. das Sauerstoffisotopenverhältnis ($^{16}O/^{18}O$), der Staubinhalt des Eises sowie die im Eis befindlichen Lufteinschlüsse und deren Bestandteile untersucht. Über die Ergebnisse lässt sich unter anderem die Temperatur der Luft und der Niederschläge in der Polarregion zur Entstehungszeit der jeweiligen Schicht rekonstruieren, was auch Rückschlüsse auf das globale Klimageschehen erlaubt. Über Datierungen können die Ergebnisse zeitlich eingeordnet werden. Wichtige Eisbohrkerne für die Klimarekonstruktion des jetzigen Eiszeitalters sind der Kern aus Grönland („N-GRIP“) und der Kern „EPICA“ aus der Antarktis. „N-GRIP“ hat eine Länge von 3.085 m und umfasst die Zeit von heute bis vor 125.000 Jahren. Der „EPICA“-Kern reicht 800.000 Jahre zurück und ist 3.270 m lang.

E) Löss und Bodenhorizonte

Als Löss bezeichnet man ein vom Wind bewegtes („äolisches“) Sediment, welches aus Quarz (60–80 %), Kalk (10–30 %), Feldspat und Glimmer besteht und sehr feinkörnig (Korngröße 0,002–0,63 mm) ist. In trockeneren Kaltzeitphasen wehten Winde immer wieder größere Mengen dieses staubigen Materials aus den breiten Flusstälern oder aus dem Vorfeld der Gletscherränder aus. Dort befanden sich trockengefallene und vegetationsfreie Sand- und Kiesflächen. Wenn die Windfracht zu schwer wurde, kam es in höheren Geländebereichen zur Ablagerung und so zur Bildung von mehrere Meter mächtigen Lösspaketen. Während in Deutschland die größte Mächtigkeit bei 40 m liegt, gibt es in China Lössplateaus mit bis zu 400 m Dicke. Etwa 10 % der Landoberfläche der Erde sind mit Löss bedeckt. Lössablagerungen sind sehr gute und fruchtbare Ackerböden.

Während wärmerer Phasen in den Kalt- und Warmzeiten kam es unter klimatisch günstigen Bedingungen immer wieder zu Bodenbildungen auf dem Löss, welche heute als bräunliche Horizonte in den Anschnitten von hell-beigen Lösspaketen zu erkennen sind. Die Untersuchung der Schichten dieser Löss-Boden-Abfolgen mit modernen Methoden

der Sedimentologie, Mineralogie und Geochemie ist ein wichtiger Beitrag zur regionalen und überregionalen Klima- und Umweltrekonstruktion.

Abb. 5
Profilwand aus mehreren Metern Lössablagerungen mit bräunlich gefärbten Bodenhorizonten bei Heilbronn. Solche Sedimentablagerungen sind wichtige kontinentale Klimaarchive und bieten die Grundlage für die Erforschung von verschiedenen Kalt- und Warmzeiten.

F) Bändertone (Warven)

Bei diesen tonigen Sedimenten handelt es sich um jahreszeitlich geschichtete Ablagerungen in Seen. Durch Abzählen der Jahresschichten kann man den Altersumfang eines Bändertonpaketes jahrgenau ermitteln. Um dieses Paket oder ein anderes, das wegen der Bänderabfolge mit dem ersten Paket zusammenpasst, in eine Zeittabelle einzugliedern, muss eines der Schichtpakete aber mit einer Methode datiert werden, die ein absolutes Alter ergibt.

G) Der Mensch und seine Hinterlassenschaften

Schon häufiger ist der Mensch als „Kind der Eiszeit" bezeichnet worden. Damit ist auch gemeint, dass ein großer Teil der Evolution des Menschen in die Zeit des jüngsten Eiszeitalters fällt. Der Ursprung unserer zoologischen Familie liegt in Afrika und datiert in den Zeitraum vor sechs bis sieben Millionen Jahre. Die ältesten Spuren in Asien sind über zwei Millionen Jahre alt, in Europa über eine Million Jahre. Der älteste direkte Beleg für die Anwesenheit des Menschen in Deutschland ist mit rund 600.000 Jahren der *Homo heidelbergensis* aus Mauer bei Heidelberg. Er ist der letzte gemeinsame Vorfahre des Neandertalers und des *Homo sapiens*. Der anatomisch moderne Mensch findet sich erstmals vor etwa 300.000 Jahren in Afrika und breitet sich von dort im Laufe der Zeit auf die anderen Kontinente aus.

In Deutschland leben im Zeitraum vor rund 300.000 Jahren z. B. die Urmenschen von Bilzingsleben und Steinheim.

Vor etwa 54.000 Jahren gelangt *Homo sapiens* nach Europa, trifft auf den Neandertaler und vermischt sich auch mit ihm. Zehntausend Jahre später verschwindet der Ureuropäer mit dem weltbekannten, namengebenden Erstfund aus dem Neandertal. Genetisch lebt er aber noch in wenigen Prozenten heute in uns weiter. Die unterschiedlichen Menschenformen der verschiedenen Warm- und Kaltzeiten haben nicht nur Skelettreste als direkte Spuren hinterlassen, sondern auch indirekt über ihr Alltagsleben. Aufenthalts- und Jagdspuren, d. h. unterschiedliche Siedlungs- oder Nahrungsreste, sind ebenfalls wichtige Eiszeitarchivalien, die unter entsprechender Auswertung viel über Leben und Umwelt in der jeweiligen Zeit verraten können.

Auch die kulturellen Hinterlassenschaften der Menschen, z. B. Stein- und Knochenwerkzeuge, sind wichtige Zeitzeugen. Je nach Herstellungstechnik und Verwendungsform lassen sich für das Pleistozän zeitlich verschiedene Kulturgruppen und -stufen unterscheiden.

Abb. 6
Unterschiedliche Steinwerkzeuge waren vielfältig einsetzbar und kennzeichnend für unterschiedliche Kulturstufen der Altsteinzeit.

Kulturell wird das Pleistozän als Altsteinzeit (Paläolithikum) bezeichnet. Die älteste Kulturphase ist die Ältere Altsteinzeit (Altpaläolithikum). Sie dauert bis vor etwa 250.000 Jahren. Darauf folgt die Mittlere Altsteinzeit (Mittelpaläolithikum), die Zeit des Neandertalers. Vor rund 43.000 Jahren beginnt die Kulturzeit des anatomisch modernen Menschen, die Jüngere Altsteinzeit (Jungpaläolithikum). Das Jungpaläolithikum reicht bis zum Ende des Pleistozäns bzw. Beginn des Holozäns vor 11.700 Jahren. Das UNESCO-Welterbe Höhlen und Eiszeitkunst der Schwäbischen Alb stammt aus dieser Zeit. Sie gliedert sich in Mitteleuropa im Allgemeinen in das Aurignacien (43.000–33.000 Jahre vor heute), das Gravettien (33.000–26.000 Jahre vor heute), das Solutréen (26.000–23.000 Jahre vor heute), das Badegoulien (23.000–20.000 Jahre vor heute), das Magdalénien (20.000–14.500 Jahre vor heute) und das Spätpaläolithikum (14.500–11.700 Jahre vor heute). Die zeitlichen Grenzen der einzelnen Kulturstufen können regional unterschiedlich sein. Auch kann es weitere Untergliederungen mit zusätzlichen Stufen geben. Die sog. Hamburger Kultur (14.650–13.800 Jahre vor heute) zum Ende des Jungpaläolithikums, wäre ein für Norddeutschland zu nennendes Beispiel.

WR/RD

Literatur:

Conard, N.J. & Kind, C.-J. (2021): Als der Mensch die Kunst erfand. Eiszeithöhlen auf der Schwäbischen Alb. – 192 S.; Darmstadt.

Ehlers, J. (2011): Das Eiszeitalter. – 367 S.; Heidelberg.

Fiedler, L., Rosendahl, G. & Rosendahl, W. (2010): Altsteinzeit von A–Z. – 415 S.; Darmstadt.

Götte, W.M. (2019): Eiszeitkultur. – 440 S.; Stuttgart.

Floss, H. (Hrsg.) (2012): Steinartefakte. Vom Altpaläolithikum bis in die Neuzeit. – 986 S.; Tübingen.

Fraedrich, W. (2016): Spuren der Eiszeit. Landschaftsformen in Mitteleuropa. – 172 S.; Heidelberg.

Kempe, S. & Rosendahl, W. (Hrsg.) (2008): Höhlen. Verborgene Welten. – 168 S.; Darmstadt.

Klostermann, J. (2009): Das Klima im Eiszeitalter. – 260 S.; Stuttgart.

Koenigswald, W. v. (2015): Lebendige Eiszeit – Klima und Tierwelt im Wandel. – 190 S.; Darmstadt.

Lister, A. & Bahn, P. (2009): Mammuts. Die Riesen der Eiszeit. – 192 S.; Sigmaringen.

LVR-LandesMuseum Bonn (Hrsg.) (2014): Eiszeitjäger. Leben im Paradies Europa vor 15.000 Jahren. – 348 S.; Mainz.

Pievani, T. & Zeitoun, V. (2020): Homo Sapiens. Der große Atlas der Menschheit. – 128 S.; Darmstadt.

Richter, J. (2017): Altsteinzeit. Der Weg der frühen Menschen von Afrika bis in die Mitte Europas. – 232 S.; Stuttgart.

Schrenk, F. (2019): Frühzeit des Menschen. Der Weg zum Homo sapiens. – 128 S.; München.

Sirocko, F. (Hrsg.) (2012): Wetter, Klima, Menschheitsentwicklung. Von der Eiszeit bis ins 21. Jahrhundert. – 208 S.; Darmstadt.

SCHLESWIG-HOLSTEIN
MECKLENBURG-VORPOMMERN
HAMBURG
BREMEN
NIEDERSACHSEN
BRANDENBURG
BERLIN
SACHSEN-ANHALT
NORDRHEIN-WESTFALEN
SACHSEN
HESSEN
THÜRINGEN
RHEINLAND-PFALZ
SAARLAND
BAYERN
BADEN-WÜRTTEMBERG
1
2
3
4
5
6
7
8
9
10
11
12
13
14
15
16
17
18
19
20
21
22
23
24
25
26
27
28
29
30
31
32
33
34
35
36

BAYERN

01 Siegsdorf Seite 22
02 Fischbach am Inn Seite 26
03 Neuessing (Altmühltal) Seite 30
04 Oberstdorf Seite 34

BADEN-WÜRTTEMBERG

05 Engen Seite 38
06 Blaubeuren, Achtal und Schelklingen Seite 42
07 Niederstotzingen und das Lonetal Seite 46
08 Steinheim (Murr) Seite 50
09 Feldberg im Schwarzwald Seite 53
10 Nußloch Seite 57
11 Mauer (Elsenz) Seite 60

HESSEN

12 Viernheim Seite 64
13 Wüstensachsen (Röhn) Seite 67

RHEINLAND-PFALZ

14 Neuwied Seite 70
15 Auel Seite 73

NORDRHEIN-WESTFALEN

16 Eiserfey Seite 77
17 Bonn Seite 80
18 Neandertal Seite 84
19 Sonsbeck Seite 88
20 Iserlohn Seite 92

THÜRINGEN

21 Weimar Seite 96
22 Blizingsleben Seite 100

SACHSEN-ANHALT

23 Rübeland Seite 104
24 Sangerhausen Seite 107

SACHSEN

25 Bad Muskau Seite 110

BRANDENBURG

26 Buckow Seite 114

BERLIN

27 Berlin Seite 117

NIEDERSACHSEN

28 Scharzfeld am Harz Seite 120
29 Velpke Seite 124
30 Schöningen Seite 127

MECKLENBURG-VORPOMMERN

31 Waren (Müritz) Seite 131
32 Rügen Seite 135

HAMBURG

33 Hamburg Seite 139

SCHLESWIG-HOLSTEIN

34 Ahrensburg Seite 142
35 Oldenburg (Holstein) Seite 145
36 Flensburg Seite 148

01 Zu Gast bei Mammut, Höhlenlöwe & Co. – Die eiszeitliche Großsäugerfundstelle Siegsdorf

Siegsdorf

Die Fundstelle Siegsdorf im Landkreis Traunstein in Oberbayern liegt unmittelbar am nördlichen Alpenrand, an der Berührungsnaht der eiszeitlichen Chiemsee- und Salzach-Gletscher. Während der Maximalvereisung der letzten Kaltzeit vor ca. 20.000 Jahren ließen hier die beiden Gletscher einen Korridor eisfrei. Der lokale Weiß-Traun-Gletscher hatte zu dieser Zeit seine größte Ausdehnung nur ca. 3 km südlich der Fundstelle. Daher konnten ältere, um 45.000 Jahre alte Ablagerungen einer Zwischenwarmphase (Interstadial) unter ca. 10 m mächtigen Schmelzwassersedimenten des letzten Hochglazials konserviert werden.

Nach dem Ende des Hochglazials schnitt sich die Weiße Traun bis heute fast 30 m in die eiszeitliche Talfüllung ein. Ein kleiner Nebenbach folgte dem Beispiel des Vorfluters und schnitt sich in die Fundschicht ein, sodass 1975 das „Siegsdorfer Mammut" entdeckt und zehn Jahre später durch eine offizielle Grabung ans Tageslicht gebracht wurde.

Gut konservierte Funde

Die Fundschicht bestand zum größten Teil aus der lehmigen Verwitterungsmasse der anstehenden, sehr tonreichen Gerhartsreiter Schichten. Diese Masse wurde in einer Senke zusammengeschwemmt, die den

Abb. 1
Der ergänzte Skelettabguss des Siegsdorfer Mammuts im Naturkundemuseum Siegsdorf.

eiszeitlichen Tieren wohl als Tränke und Suhle diente. Die Fundstelle barg neben dem überraschend vollständigen Skelett eines voll ausgewachsenen Wollhaarmammutbullen mit ca. 3,6 m Schulterhöhe auch noch jeweils einen Stoßzahn bzw. Stoßzahnbruchstück von drei weiteren Mammutindividuen. Dazu kamen die Reste von zwei jugendlichen Wollhaarnashörnern, dem Unterkiefer eines Wolfs, dem Schulterblatt eines Riesenhirschs, dem Schienbeinrest eines Rindes und noch nach Beendigung der Grabung ein Teilskelett eines Höhlenlöwen. Es handelt sich bei allen Individuen entweder um sehr junge oder sehr alte Tiere. Neben den Skelettresten der Höhlenhyäne, welche an den Knochen des Mammuts, der Nashörner und des Rindes typische Bissspuren hinterlassen hat, sind auch deren Kotballen (Koprolithe) überliefert.

Abb. 2
Bereits am ersten Tag der systematischen Ausgrabungen im Jahr 1985 konnte der Stoßzahn des Siegsdorfer Mammuts in den Fundschichten freigelegt werden.

Alle Funde wurden durch die Einbettung im Lehm außergewöhnlich gut konserviert, sodass weitergehende Untersuchungen wie Datierungen und genetische Analysen sehr gut möglich waren. Der Mammutbulle wurde mit der ^{14}C-Methode auf ca. 45.000 Jahre datiert, der Höhlenlöwe auf ca. 47.000 Jahre. Genetische Analysen an diesen beiden Funden waren ebenfalls erfolgreich. Der morphologisch nur schwer als Rinderschienbein zu bestimmende Knochen stellte sich nach der DNA-Analyse als zu einem Steppenbison gehörig heraus.

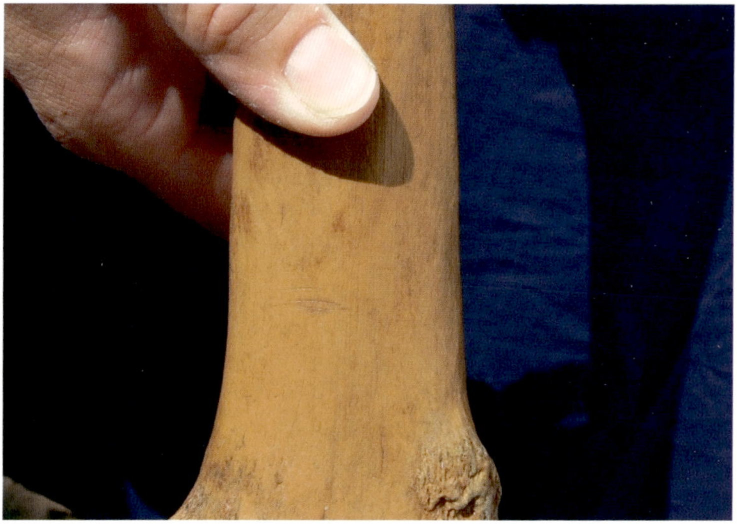

Abb. 3
Auf den Neandertaler zurückzuführende Schnittspurengruppe auf dem linken Oberschenkelknochen des Siegsdorfer Höhlenlöwen.

Indirekte Spuren des Menschen

An einigen Knochen des Höhlenlöwen wurden als einzige Anzeichen für die Anwesenheit des Menschen Schnittspuren erkannt. Am deutlichsten sind sie an beiden Oberschenkeln im Bereich der „Kniekehle". Mit Bezug zur Altersdatierung des Höhlenlöwen kann es als gesichert gelten, dass der Verursacher der Schnittspuren der Neandertaler war.

Abb. 4
Rekonstruktion eines Höhlenlöwen im Naturkundemuseum Siegsdorf.

Gleichzeitig ist es der älteste Nachweis für die Anwesenheit des Menschen in dieser Region.

Abb. 5
Idealisierte Rekonstruktion einer Landschaftsszenerie der Siegsdorfer Lebenswelt zur Mitte der letzten Kaltzeit.

Alle Funde sind im Südostbayerischen Naturkunde- und Mammut-Museum Siegsdorf ausgestellt. Darüber hinaus bietet das Museum weitere Einblicke in die Eiszeit- und Erdgeschichte der Region, darunter ein großes Modell zur Vergletscherung der letzten Kaltzeit und einen begehbaren Höhlennachbau mit Höhlenbärenfunden aus dem Alpenraum.

RD

Weitere Informationen unter:
www.museum-siegsdorf.de

Literatur:

Darga, R. (2016): Erdgeschichte Südostbayerns. Naturkunde- und Mammut-Museum Siegsdorf. – 176 S.; München.
Ziegler, R. (1994): Das Mammut (*Mammuthus primigenius* Blumenbach) von Siegsdorf bei Traunstein (Bayern) und seine Begleitfauna. – Münchner Geowissenschaftliche Abhandlungen, Reihe A: Geologie und Paläontologie, Bd. 26, S. 49–80; München.

02 Vom Eis geformt – Der Gletscherschliff von Fischbach am Inn

Fischbach a. I.

Der Gletscherschliff von Fischbach am Inn im Landkreis Rosenheim wurde 1956 bis 1958 während des Baus der Inntal-Autobahn entdeckt. Die Trasse führte mitten durch einen aus der vom Inn aufgeschütteten Kiesebene herausragenden Hügel. Es zeigte sich, dass er unter seiner Kies- und Sandüberdeckung im Kern aus Wettersteinkalk besteht – ein widerstandsfähiges Gestein, das in den Kalkalpen oft als Gipfelbildner auftritt. Die Kalkoberfläche war nicht wie erwartet gleichmäßig gerundet, sondern in bis dahin kaum gekannter Art überformt.

Kunstformen der Natur

Abb. 1
Der Gletscherschliff von Fischbach gehört zu den hundert schönsten Geotopen Bayerns.

Die Kalkoberfläche zeigt schräg stehende, wie Fächer wirkende Kegelflächen, auf deren Oberfläche Striemen zu erkennen sind. Diese Spuren hat fließendes Gletschereis entstehen lassen. Die manchmal mehrere Meter langen, stark geschwungenen Rinnen zwischen den Kegeln zei-

gen keine Striemungen, obwohl sie in direktem Kontakt zu den geschrammten Kegelflächen auftreten. Man vermutete, dass unter hohem Druck fließendes, mit Moränenmaterial beladenes Schmelzwasser – unter dem Gletschereis – die Rinnen aus dem Kalk herausgefräst hat. Die wegweisende Glazialgeografin Edith Ebers konnte in Versuchen belegen, dass derartig agierende Schmelzwässer sogar Werkzeugstahl in kürzester Zeit massiv erodieren können.

Abb. 2
Der Gletscherschliff wurde während des Baus der Inntal-Autobahn Ende der 1950er Jahre entdeckt.

Es ergibt sich daher das Bild, dass das Gletschereis an diesem Wettersteinkalk-Hügel gegen Ende seiner Anwesenheit an dieser Stelle nur noch stellenweise fest auf dem Fels aufsaß, und während seines Fließens die Schrammen in den Fels geritzt hat. An den nicht mehr vom Gletschereis belegten Flächen modellierte das durch die Spalten des zerfallenden Eises eingepresste Schmelzwasser die Rinnen. Als der Gletscher dann vollständig abgeschmolzen war, wurde das Relief des Felsbodens mit Kies und Sand der sich vor dem Gletscherrand ausbreitenden Schmelzwässer zugeschüttet und so über ca. 15.000 Jahre lang vor den Einflüssen der Verwitterung entzogen. Erst mit der Freilegung der Felsoberflächen setzte die Verwitterung vor allem über Kalklösung durch sauren Regen ein.

Abb. 3
Neben den glatt und hügelig erscheinenden echten Eisschliffen mit Gletscherschrammen sind auch die manchmal stark gewundenen, rinnenartigen Strukturen zu erkennen, die durch das unter dem Eiskörper schießend fließende Wasser aus dem Kalkstein heraus modelliert wurden. Neben dem Eisschliff ist hier also auch Wasserschliff tätig gewesen.

Abb. 4
An höchster Stelle des Geotops befindet sich eine umzäunte Aussichtsstelle, von der sich sehr gut die gesamte Fläche des vom Gletscher geformten Felsens einsehen lässt.

Weitere Spuren

Ganz offenbar wirkten die Kräfte, die den heute oberirdisch zugänglichen Gletscherschliff entstehen haben lassen, auch bis in mehrere hundert Meter Tiefe. Der heutige, ebene Talboden ist nämlich durch die Verfüllung des Inn-Tals mit Ton und Kies entstanden. Zum Beispiel unmittelbar nördlich der Nordseite des Neubeurer Schlossbergs wurde in Bohrungen der Talgrund erst in ca. 300 m Tiefe erreicht. Aus solchen Tiefen ragt nicht nur der Neubeurer Rundhöcker an die Oberfläche, sondern auch der Kufsteiner Festungsberg und die Hügel des Kufsteiner Walds. Und eben auch der Hügel bei Fischbach mit dem besonderen Gletscherschliff.

RD

Weitere Informationen unter:
www.lfu.bayern.de/geologie/bayerns_schoenste_geotope/2/index.htm

Literatur:
Ebers, E., Hofmann, W., Kraus, E. & Stefaniak, H. (1961): Der Gletscherschliff von Fischbach am Inn. – Mitt. geogr. Gesellschaft München, Heft 46, S. 14–85; München.

03 In einer Reihenhöhlensiedlung der Altsteinzeit – **Die Klausenhöhlen bei Neuessing im Altmühltal**

Neuessing

Die größte altsteinzeitliche Fundanhäufung Bayerns befindet sich im Altmühltal auf der südlichen Frankenalb. Dazu zählen z. B. die Sesselfelsgrotte, das Schulerloch und die Klausenhöhlen. Letztere liegen auf dem rechten Ufer der Altmühl gegenüber dem Ort Essing im Landkreis Kelheim. Es handelt sich um vier Höhlen und ein Felsdach, verteilt auf mehrere Etagen in Kalksteinen aus der Oberjurazeit. Im Einzelnen sind

Abb. 1 Blick von Süden auf den Talhang mit den Eingängen der verschiedenen Klausenhöhlen.

Abb. 2 Eingangsportal der Oberen Klause.

dies die Untere Klause, die Mittlere Klause, die Obere Klause, die Westliche Klause und das Abri Klausennische. Die Obere Klause liegt ca. 50 m oberhalb des Talbodens.

Abb. 3
Ein Mammutstoßzahnfragment (Länge 9,5 cm) mit der Ritzzeichnung eines Mammuts aus den Schichten der jüngeren Altsteinzeit (Magdalénien) der Oberen Klause.

Erste Grabungen und ein Grab

Die ersten Grabungen in den Klausenhöhlen fanden von 1900 bis 1908 durch Joseph Fraunholz, einem Privatmann, statt. Seine Funde führten zu weiteren Grabungen und ersten Untersuchungen in den Jahren 1912 und 1913. 1960 wurde die Bearbeitung der Funde aus der Unteren und Mittleren Klause fortgeführt, wobei der Großteil der Sedimente aus der Unteren Klause durch den Einbau eines Bierkellers um 1860 zerstört war. In jüngerer Zeit fanden durch das Institut für Ur- und Frühgeschichte in Erlangen weitere kleinräumige Untersuchungen an den Fundstellen statt.

Zahlreiche Steinartefakte, Tierknochen (z. B. Mammut, Wollhaarnashorn, Rentier und Wildpferd) sowie Feuerstellen aus den Klausenhöhlen stammen aus der Mittleren und Jüngeren Altsteinzeit. Besondere Funde sind Eiszeitkunstwerke sowie menschliche Skelettreste aus unterschiedlichen Kulturstufen der Jüngeren Altsteinzeit. Aus der Mittleren Altsteinzeit sind gekerbte und gezähnte Stücke, wenige Schaber und Faustkeile sowie schön gearbeitete Blattspitzen überliefert. Diese Funde befinden sich heute in der Archäologischen Staatssammlung und in der Staatssammlung für Anthropologie und Paläoanatomie in München.

Abb. 4
Eingang der Mittleren Klause, der wichtigsten archäologischen Fundstelle unter den Klausenhöhlen.

Der Mann aus Neuessing

Im Rahmen der Ausgrabungen in der Mittleren Klause, eine 21 m lange und 18 m breite Höhlenhalle mit mehreren Nischen, wurde am

4. Oktober 1913, eingetieft in die Schichten der Mittleren Altsteinzeit, ein weitgehend vollständiges Skelett eines Mannes entdeckt.

Das Skelett war mit Rötel eingefärbt und befand sich ungefähr in der Mitte der Höhle in einer Grabgrube, die als künstlich erweiterter Felsspalt beschrieben wird. Die Bestattung war nicht mit Beigaben versehen worden. Es fanden sich lediglich unter- und oberhalb des Schädels Splitter von Mammutelfenbein.

Abb. 5
Skelettreste eines Mannes, gefunden bei Ausgrabungen 1913 in der Mittleren Klause. Der etwa 34.000 Jahre alte Fund wird heute in der Staatssammlung für Anthropologie und Paläoanatomie in München aufbewahrt.

Neueste Untersuchungen am Skelett des Mannes von Neuessing ergaben ein Sterbealter zwischen 45 und 55 Jahren. Die Körpergröße lässt sich nach Anwendung entsprechender Berechnungsformeln auf 1,63 m schätzen. Über neue ^{14}C-Daten kann das Skelett in den Zeitraum von 34.700 bis 33.800 Jahren vor heute datiert werden. Kulturhistorisch entspricht das dem frühen Gravettien. Erste genetische Analysen ergaben, dass trotz des hohen Alters die Erbmoleküle in den Knochen überdurchschnittlich gut erhalten sind. Ein Ergebnis ist z. B., dass der Mann eine sehr dunkle Hautfarbe hatte.

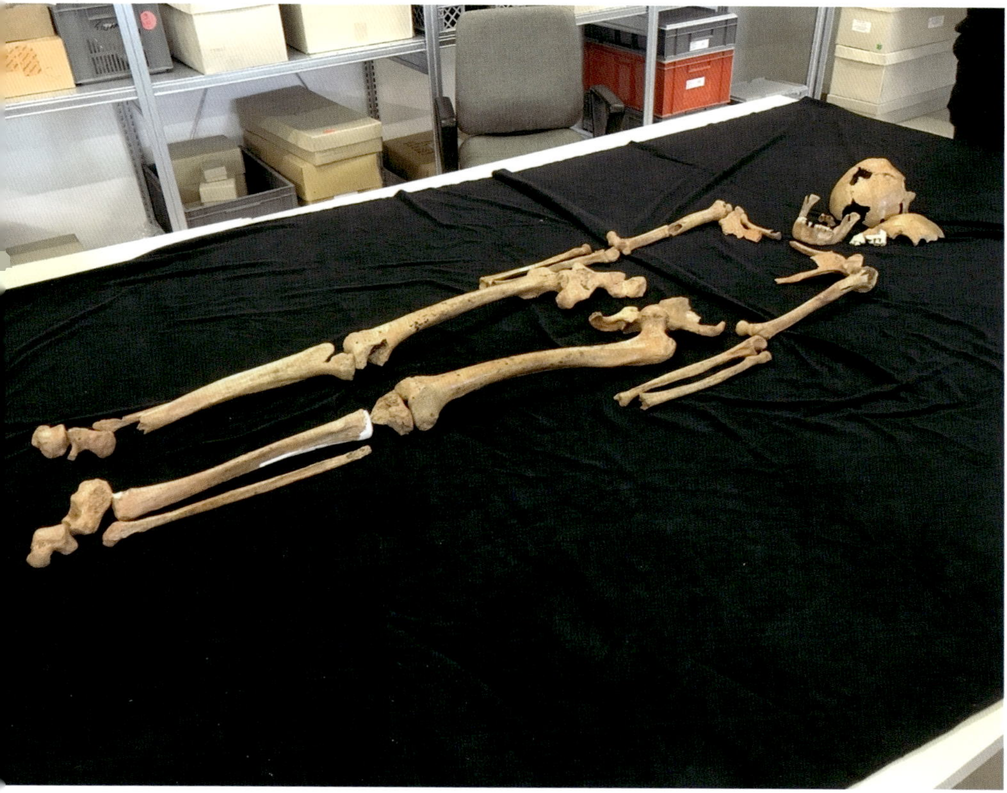

Abb. 6
Forensische Gesichtsrekonstruktion des Mannes aus der Mittleren Klause auf Basis der Schädelreste. Genetische Analysen an einer Knochenprobe des Skelettes ergaben, dass der Mann eine sehr dunkle Hautfärbung, braune Augen und dunkles Haar hatte. In München aufbewahrt.

Eine spannende Zeitreise

Mit einer Länge von ca. 40 km ist der Archäologiepark Altmühltal zwischen Kelheim und Dietfurt der größte Park dieser Art in Europa. Gut ausgeschilderte Wander- und Fahrradrouten führen zu 18 Zeitreisestationen. Eine davon ist auch Essing. Über eine der längsten Holzhängebrücken Europas, auch Tatzelwurm genannt, erreicht man von dort nach ca. 500 m die Klausenhöhlen (Station 7).

DD

Weitere Informationen unter:
www.naturpark-altmühltal.de
www.archaeologie-bayern.de

Literatur:
Kaulich, B. (1994): Die Klausenhöhle. – In: Meyer, R.K.F. & Schmidt-Kaler, H.: Wanderungen in die Erdgeschichte, Bd. 6, S. 81–86; München.
Orschiedt, J., Knipper, C., Lindauer, S., Friedrich, R., McGlynn, G., Burger, J., Winkelbach, L., Blöcher, J., Fischer, L. & Rosendahl, W. (2022): Der Mann von Neuessing. Fundgeschichte und neue naturwissenschaftliche Untersuchungen einer jungpaläolithischen Bestattung aus der Mittleren Klause (Neuessing, Kr. Kelheim, Bayern). – In: Rosendahl, G. & Rosendahl, W. (Hrsg.): Eiszeit. Mensch. Natur. Klima. S. 28–41; Oppenheim am Rhein.
Ried, M.M. & Sandner, R. (2008): Archäologiepark Altmühltal. Ein Reiseführer in die Vorzeit. – 176 S.; Regensburg.

04 Vom Eis vorbereitet, vom Wasser vollendet – Die Breitachklamm bei Oberstdorf

Oberstdorf

Das Gestein in der Breitachklamm ist 125 Millionen Jahre alt und relativ hart. Es entstand in der Kreidezeit am Boden eines flachen Schelfmeeres.

Bei der späteren Alpenentstehung im Tertiär wurde der Schrattenkalk, so wird das Gestein bezeichnet, herausgehoben und mit anderen Ablagerungen aufgefaltet. Es wird von weicheren, leichter abtragbaren Schichten über- und unterlagert.

Abb. 1
Eingangsgebäude am unteren Zugang der Klamm in Tiefenbach. Hier befindet sich auch eine Ausstellung zur Entstehung und Geschichte der Klamm.

Es begann unter dickem Eis

Während der kältesten Phase der letzten Eiszeit vor etwa 20.000 Jahren lag das heutige Kleinwalsertal unter der bis zu 700 m mächtigen Eisdecke eines Gletschers, der dem Illertal bei Oberstdorf zufloss. Bei seiner Bewegung hobelte der Gletscher den Talboden aus und formte ein Trogtal. Vor allem weichere Gesteinsschichten wurden bei der

Vertiefung abgetragen. Als die Gletscher gegen Ende der letzten Eiszeit schmolzen, übernahmen Gebirgsflüsse an eisfreier Stelle die weitere Landschaftsformung. Für das Kleinwalsertal ist dies bis heute die Breitach. Sie ist ein 21 km langer, linksseitiger Quellfluss der Iller. Wegen eines starken Gefälles konnte sich die Breitach schnell in den Untergrund einschneiden. Dies war vor allem in den weicheren Gesteinen vor und nach der Breitachklamm möglich, jedoch nicht dort, wo der Gletscher bei seiner Talformung den Schrattenkalk freigelegt hatte. Der Schrattenkalk ist hier Teil einer geologischen Sattelstruktur und bietet dem fließenden Wasser einigen Widerstand. Lediglich dort, wo im Gestein über den Gebirgsfaltungsprozess Risse und Spalten entstanden waren, konnte das Breitachwasser mit seiner einschneidenden und schleifenden Abtragungskraft ansetzen. Über diesen seit mehr als 12.000 Jahre andauernden Prozess entstand im Schrattenkalk auf einer Strecke von 1,3 km ein nur wenige Meter breiter Spalt mit bis zu 87 m hohen Steinwänden, eine Klamm. Die Grundlage für die Bildung des einzigartigen Naturdenkmals hatte der eiszeitliche Breitachgletscher geschaffen, den Tiefschnitt vollbrachte die Fließkraft des Flusses.

Abb. 2
Auch in den weniger schluchtigen Bereichen führen gesicherte Wege durch die Klamm.

Ein eindrucksvolles Erlebnis zu jeder Jahreszeit

Dass die Klamm heute jährlich von vielen tausend Touristen durchwandert werden kann, ist das Verdienst von Johannes Schiebel. Dieser war als Pfarrer in Tiefenbach tätig und erkannte in der Zeit der aufkommenden Alpenfaszination früh das wirtschaftliche Potential der Breitachklamm als eine ganz besondere Attraktion. Nach Gründung eines Trägervereins und Beginn der Ausbauarbeiten im Juli 1904 – 20 Männer

Abb. 3
An den engsten Stellen der tiefen Klamm ist diese recht dunkel und nur wenige Meter breit.

und auch Sprengungen waren zur Schaffung der Wegsamkeiten notwendig – erfolgte knapp ein Jahr später, am 4. Juni 1905, die feierliche Eröffnung.

Der Weg durch die Klamm kann von zwei Seiten aus begonnen werden. Die Anfahrt ist jeweils gut ausgeschildert. Der obere Zugang in die Klamm erfolgt an der Walserschanz im Kleinwalsertal, der untere in Tiefenbach. Seit 2004 befindet sich hier ein neues Eingangsgebäude, in welchem auch eine Außenstelle der Bergschau – hierbei handelt es sich um eine Ausstellung über die Allgäuer Berge an vier Stationen in Oberstdorf und im Kleinwalsertal – untergebracht ist. Im Haus an der Breitachklamm geht es thematisch um die Entstehung und Geschichte der Klamm, ihre Tier- und Pflanzenwelt sowie um die Wirkung des Wassers. Mit welcher Kraft und Formenvielfalt das Wasser die Klamm geprägt hat, vermittelt eindrucksvoll der Gang über die gesicherten Stege und Wege. Man kann die Klamm auch im Rahmen von ausgeschilderten Rundwanderwegen mit 1,5 bis 2,5 Stunden Wanderzeit erkunden. Start ist jeweils am Eingang in Tiefenbach.

Abb. 4 Tosende Wasser unter überhängenden Wegen. Eindrucksvoll sieht man, mit welcher Fließkraft die Breitach die Felsen geschliffen und geformt hat.

WR

Weitere Informationen unter:
www.breitachklamm.com
www.bergschau.com

Literatur:

Scholz, H. (2016): Bau und Werden der Allgäuer Landschaft. – 354 S.; Stuttgart.

05 Herbstlager der Rentierjäger – Petersfels und Eiszeitpark bei Engen

Engen

Der Petersfels ist eine Höhle im Brudertal bei Engen/Lkr. Konstanz. Ihren Namen erhielt die Fundstelle nach Eduard Peters, welcher dort als pensionierter Oberpostrat von 1927 bis 1932 drei Ausgrabungskampagnen durchführte. Untersucht wurden dabei die Höhle und Teile des Vorplatzes. Das Fundmaterial bestand aus mehreren 1.000 Steinwerkzeugen, Knochen- und Geweihgeräten sowie Reste eiszeitlicher Tiere, vor allem vom Rentier. In den Jahren 1974 bis 1979 wurden durch Gerd Albrecht vom Institut für Ur- und Frühgeschichte der Universität Tübingen weitere wissenschaftliche Untersuchungen durchgeführt.

Steinwerkzeuge, Knochengeräte und Eiszeitkunst

Abb. 1
Blick von der Talsohle auf das große Höhlenportal des Petersfels. Vor den Ausgrabungen war ein Großteil des Höhleninneren mit Ablagerungen gefüllt.

Der Hauptteil der Funde stammt aus der jüngeren Altsteinzeit (Magdalénien) und datiert in die Zeit vor etwa 15.000 Jahren. Unter den Steingeräten finden sich vor allem Rückenmesser, Bohrer, Kratzer und Stichel. Jagdwaffen wie Harpunen oder Speerspitzen wurden ebenso aus Geweih und Knochen gefertigt wie Ahlen und Nadeln, wovon allein mehr als 2.000 gefunden wurden. Durchbohrte Tierzähne, Muscheln und Schnecken dienten als Schmuck. Einige Muscheln stammen sogar aus dem Mittelmeerraum und dem Pariser Becken. Diese gelangten über Handelsbeziehungen zu den Menschen vom Petersfels. Berühmt geworden ist der Petersfels wegen seiner Funde von altsteinzeitlicher Kunst. Hierbei handelt es sich um Gravierungen auf Knochen und Geweihstücken, zumeist mit Wildpferd- und Rentierdarstellungen sowie plastischen Kunstwerken aus Gagat. Bei Gagat handelt es sich um schwarzes, inkohltes, fossiles Holz, das leichter

zu bearbeiten ist als Geweih oder Elfenbein und in Süddeutschland in den Schichten des unteren Juras vorkommt. Insgesamt wurden eine Käferfigur sowie 15 im Profil gezeigte und stark stilisierte „Venusstatuetten“ gefunden. Alle Objekte sind recht klein und zwischen 1 und 3,5 cm lang. Durchbohrungen an den oberen Enden lassen vermuten, dass die Stücke als Anhänger oder aufgenäht an der Kleidung getragen wurden.

Abb. 2
Infotafeln in einem kleinen Pavillon im Talgrund vor der Höhle bieten Erläuterungen zur Archäologie des Petersfels sowie zur eiszeitlichen Landschaft im Brudertal.

Der Zug der Rentiere

Im Herbst zogen die Rentierherden aus dem Voralpenraum nach Norden in die Winterquartiere auf der Hochfläche der Schwäbischen Alb. Da es im Brudertal natürliche Engstellen gibt, welche eine Jagd leichter und erfolgreicher machen, leiteten die Eiszeitjäger die Herden durch das Tal am Petersfels vorbei. Im Bereich des Höhlenfelsen machten die steilen Talflanken ein Ausbrechen der dicht zusammengedrängten Tiere unmöglich. Die Jagd erfolgte mit Speeren, aber auch mit Fangleinen und Stoßlanzen. Die Fundschichten vom Petersfels belegen mehrere Aufenthalte verschiedener Menschengruppen zur herbstlichen Rentierjagd. Neben den Rentieren wurden auch Wildpferde sowie Schneehühner und Schneehasen gejagt. Die Knochen der Hasen waren für die Hersteller von Nähnadeln wichtig.

Eiszeitpark und Eiszeitpfad

2003 wurde im Talgrund vor dem Petersfels und an den Talflanken ein Eiszeitpark angelegt. Die Pflanzenwelt einer späteiszeitlichen Steppen-

Abb. 3
Im Talbereich des Petersfels wurde in einem Eiszeitpark die Pflanzenwelt einer späteiszeitlichen Steppentundra sowie die eines Moores rekonstruiert.

Abb. 4
Eine etwa 3 cm große aus Gagat gefertigte Venusstatuette vom Petersfels.

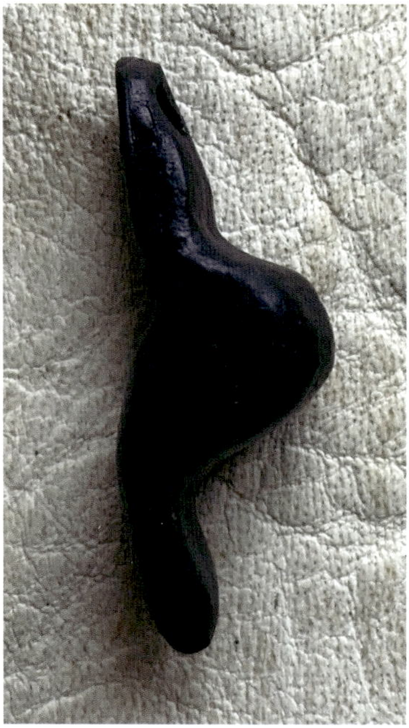

tundra sowie die eines Moores sind hier rekonstruiert. Infotafeln erläutern die Bedeutung und Verwendbarkeit der verschiedenen Pflanzen.

Abb. 5
Entlang eines 3 km langen Rundweges geben mehrere kleine Infotafeln Einblick in das Leben und die Zeit der Rentierjäger.

Ein Besuch des Petersfels empfiehlt sich über den am Parkplatz hinter der Autobahnbrücke beginnenden Eiszeitpfad, einem 3 km langen Rundweg. Mehrere Infotafeln entlang des Weges geben Einblick in das Leben und die Zeit der Rentierjäger.

Originalfunde vom Petersfels sind im Städtischen Museum in Engen ausgestellt. Unweit des Petersfels befindet sich eine weitere späteiszeitliche Fundstelle, die Gnirshöhle. Diese ist jedoch nicht frei zugänglich.

WR

Weitere Informationen unter:
www.engen.de/pb/engen/Startseite/Tourismus+_+Kultur/eiszeitpark.html

Literatur:
Albrecht, G. & Hahn, A. (1991): Rentierjäger im Brudertal. Die jungpaläolithischen Fundstellen um den Petersfels und das Städtische Museum in Engen. – Führer zur archäologischen Denkmälern in Baden-Württemberg, Bd. 15, 102 S.; Stuttgart.

06 Im Reich der Höhlen und Eiszeitkünstler – **Blaubeuren, das Achtal und der Hohle Fels bei Schelklingen**

Blaubeuren

Das malerische Städtchen Blaubeuren befindet sich zwischen den Städten Ulm und Ehingen am Südrand der Schwäbischen Alb. Blaubeuren, wie auch die etwa 8 km südwestlich gelegene Stadt Schelklingen, gehören zum Alb-Donau-Kreis und liegen in einem ehemals von der Donau durchflossenen Tal. Heute fließt von Schelklingen aus die Ach durch das Tal bis Blaubeuren in die Blau, welche ihrerseits in Ulm der Donau zufließt. Die Blau und Blaubeuren haben ihren Namen durch die bedeutendste Sehenswürdigkeit der Stadt, dem Blautopf. Ob bewölkter Himmel oder bei Sonnenschein, das Wasser in Deutschlands schönster Höhlenquelle strahlt in einem unglaublichen Blau. Im Bergmassiv hinter dem Quelltopf verbirgt sich eine einzigartige Höhlenwelt von fast 16 km Länge, mit Unterwassergängen, großen Hallen und Gängen mit Flüssen und Tropfsteingalerien.

Viele Höhlen und viele Funde

Auch in den Talhängen des Achtales zwischen Blaubeuren und Schelklingen befinden sich mehrere Höhlen. Diese sind weniger tiefreichend, dafür aber bezüglich Eiszeitarchäologie sehr bedeutend und fundreich. Zusammen mit drei Fundstellen aus dem Lonetal wurden drei Höhlen des Achtales 2017 als Weltkulturerbestätte „Höhlen und Eiszeitkunst der Schwäbischen Alb“ in das UNESCO-Welterbe aufgenommen. Es sind das Geißenklösterle bei Blaubeuren-Weiler, die Sirgenstein Höh-

Abb. 1 Der Blautopf bei Blaubeuren ist eines der bedeutendsten Naturdenkmäler Deutschlands. Hinter dem Quelltopf verbirgt sich ein großes Höhlensystem.

le zwischen Weiler und Schelklingen und der Hohle Fels bei Schelklingen. Der Hohle Fels ist der bedeutendste Fundort im Achtal. Die zu bestimmten Zeiten öffentlich zugängliche Schauhöhle besteht vor allem aus einer sehr großen Halle (ca. 6.000 m^3).

1830 wurde der Hohle Fels als Fundstelle entdeckt und bereits 1870/71 erfolgten erste Grabungen. Seit 1977 gibt es jährliche Grabungen in der Höhle. Die etwa 5 m mächtige Schichtenfolge stammt aus der letzten Kaltzeit und beinhaltet die ausgehende Zeit der Neandertaler (Mittlere Altsteinzeit) und die drei Kulturstufen der Jüngeren Altsteinzeit (Aurignacien, Gravettien und Magdalénien).

Die Ausgrabungen im hinteren Eingangsbereich werden seit einigen Jahren von Nicholas J. Conard von der Universität Tübingen geleitet und haben viele einzigartige Funde zutage gebracht. Besonders erwähnenswert sind Flöten aus Knochen und Elfenbein, verschiedene Tierfiguren und eine Venusfigur aus Elfenbein. Die 2008 entdeckte „Venus vom Hohle Fels" ist mit einem Alter von etwa 40.000 Jahren die älteste bekannte figürliche Frauendarstellung.

Abb. 2
Der Adorant vom Geißenklösterle. Es handelt sich um ein etwa 35.000 Jahre altes Abbild eines menschlichen Wesens auf einem 4 cm hohen Elfenbeinplättchen, welches bei den Höhlengrabungen 1979 gefunden wurde.

Es gibt viel zu sehen

Schon seit 1965 gibt es in Blaubeuren im Spital zum Heiligen Geist ein Museum für die Höhlenfunde der Region. War es zuerst nur ein Raum, so sind es nach einer Neukonzeption und Erweiterung seit 2014 rund 3.000 m^2 auf zwei Etagen. Das Urgeschichtliche Museum Blaubeuren (URMU) ist ein Zweigmuseum des Archäologischen Landesmuseums Baden-Württemberg und Infostelle des UNESCO-Geoparks Schwäbische Alb.

Neben grundlegenden Informationen zur Entwicklungsgeschichte des Menschen sowie zu Leben und Umwelt der letzten Eiszeit stehen die Fundstellen des Achtales im Vordergrund der Präsentation. Ansprechende Inszenierungen, informative Texte und Grafiken sowie Rekonstruktionen, Modelle und zahlreiche Originalfunde, darunter auch bedeutende Eiszeitkunstwerke, laden große und kleine BesucherInnen ein, die eiszeitlichen Lebenswelten zu entdecken. In jährlichen Sonderausstellungen werden darüber hinaus immer wieder neue Funde gezeigt und spezielle Themen aufbereitet. Ergänzend dazu gibt es vielfältige Mitmachprogramme sowie Exkursions- und Vortragsangebote.

WR

Abb. 3
Der mit einem Gitter gesicherte Eingang in den Hohle Fels. Von außen ist nicht zu ahnen, welche große Halle sich in dem Felsmassiv verbirgt.

Abb. 4
Bei Ausgrabungen in 2008 wurde die „Venus vom Hohle Fels", eine etwa 6 cm große Figur aus Mammutelfenbein, entdeckt.

Abb. 5
Besucher in der großen Halle des Hohle Fels. In den Monaten Mai bis Oktober kann die Höhle mit Führungen besichtigt werden.

Abb. 6
Eingangsportal der Sirgensteinhöhle. Bereits 1906 wurde die Höhle ausgegraben.

Abb. 7
Seit 2014 präsentiert das Urgeschichtliche Museum in Blaubeuren in einer Neukonzeption viele wichtige Funde und Forschungsergebnisse zu den Höhlen des Achtales.

Weitere Informationen unter:
www.welt-kultursprung.de
www.urmu.de
www.museum-schelklingen.de/hohle-fels

Literatur:

Conard, N.J., Bolus, M., Dutkiewicz, E. & Wolf, S. (2015): Eiszeitarchäologie auf der Schwäbischen Alb. Die Fundstellen im Ach- und Lonetal und ihrer Umgebung. – 276 S.; Tübingen.
Conard, N.J. & Kind, C.-J. (2017): Als der Mensch die Kunst erfand. Eiszeithöhlen der Schwäbischen Alb. – 192 S.; Stuttgart.
Conard, N.J. & Wolf, S. (2020): Der Hohle Fels in Schelklingen. – 104 S.; Tübingen.
Heidenreich, S.M. & Meister, C. (2019): UNESCO-Welterbe „Höhlen und Eiszeitkunst der Schwäbischen Alb". – 164 S.; Stuttgart (Deutsch und Englisch).

07 Schatzkammern der Eiszeit – Vogelherdhöhle bei Niederstotzingen und das Lonetal

Niederstotzingen

Die Vogelherdhöhle (kurz Vogelherd) befindet sich nahe Niederstotzingen im Landkreis Heidenheim auf der Südseite des Lonetals auf der Schwäbischen Alb. Die ca. 50 m lange Höhle mit zwei Eingängen wurde 1931 in einer zehnwöchigen Grabungskampagne unter Gustav Riek von der Universität Tübingen ausgegraben. Nachgrabungen im Abraum der Altgrabungen fanden zwischen 2005 und 2012 durch Nicholas J. Conard, ebenfalls Universität Tübingen, statt.

Eiszeitkunst und vieles mehr

Die unterschiedlich mächtigen Schichtpakete stammen aus der Zeit der Neandertaler (Mittlere Altsteinzeit) und des anatomisch modernen Menschen (Jüngere Altsteinzeit). Neben zahlreichen Tierresten und Artefakten aus Stein, Knochen, Geweih und Elfenbein wurden kleine Elfenbeinfiguren aus dem Aurignacien, der frühesten Stufe der

Abb. 1 Blick auf den westlichen Eingang der Vogelherdhöhle im Archäopark Vogelherd.

Jüngeren Altsteinzeit, geborgen. Sie zählen zu den ältesten Kunstwerken der Menschheit. Über die verschiedenen Ausgrabungen sind bis jetzt 40 solcher Figuren aus der Vogelherdhöhle bekannt. Die Objekte von ca. 3 bis 7 cm Länge stellen hauptsächlich Pferd, Mammut, Löwe, Wisent, kleinere Tiere wie Fisch und Igel sowie menschliche Wesen dar. Neben den Elfenbeinfiguren wurden auch drei Bruchstücke von Flöten aus Knochen sowie Elfenbein und Schmuckanhänger gefunden.

Abb. 2
Eine kleine Wildpferdfigur aus Mammutelfenbein, gefunden bei den Ausgrabungen in der Vogelherdhöhle im Jahr 1931.

Die Vogelherd-Figuren von 1931 wie auch ein Teil der Neufunde werden im Museum der Universität Tübingen auf Schloss Hohentübingen ausgestellt. Das bei den Nachgrabungen gefundene Mammut und ein Höhlenlöwe befinden sich im Archäopark Vogelherd. Andere Grabungsfunde werden heute in verschiedenen Museen Baden-Württembergs gezeigt, wie dem Landesmuseum Württemberg Stuttgart und dem Urgeschichtlichen Museum Blaubeuren.

Ein Erbe der Menschheit

Im Jahre 2017 wurde der Vogelherd als eine von sechs Höhlen der Weltkulturerbestätte „Höhlen und Eiszeitkunst der Schwäbischen Alb“ in das UNESCO-Welterbe aufgenommen, zu denen zwei weitere Höhlenfundstellen im Lonetal zählen. Die 70 m lange Stadel-Höhle im Hohlenstein ist unter anderem für den „Löwenmenschen“, ein etwa 31 cm hohes aufrechtstehendes Mischwesen aus Mammutelfenbein, weltberühmt. Besondere Funde von Schmuckgegenständen aus Elfenbein kennt man auch aus der Bocksteinhöhle.

Abb. 3
Der 2013 errichtete archäologische Archäopark Vogelherd besteht aus einem Freigelände und einem Besucher- und Informationszentrum.

Archäopark Vogelherd

Der Archäopark Vogelherd präsentiert seit 1. Mai 2013 vor Ort ein Gesamtbild der über 150-jährigen archäologischen Grabungs- und Forschungsgeschichte im Lone- und Achtal samt seiner Schätze. Der archäologische Themenpark besteht aus einem Freigelände sowie einem Besucher- und Informationszentrum. Das Freigelände führt entlang verschiedener Mitmachstationen und Informationstafeln unter anderem über Waffenherstellung, Speerwerfen, Kunst- und Musikausübung und Feuermachen hinauf zum Höhleneingang.

Das Besucher- und Informationsgebäude liegt 200 m von der archäologischen Fundstelle entfernt und wurde in der Talsenke in einen

Abb. 4
Im Freigelände des Archäoparks gibt es vielfältige Mitmachstationen für Schulklassen und Einzelbesucher.

Abb. 5
Der Hohlenstein mit dem großen Portal der Stadel-Höhle. Ausgeschilderte Wanderwege mit Infotafeln zu den archäologischen Fundstellen führen durch das Lonetal.

Abb. 6
Blick aus dem Innern der Bocksteinhöhle in das Lonetal.

Grashügel eingebettet. Im Ausstellungsbereich finden jährlich wechselnde Sonderausstellungen statt. In einem separaten Bereich, der „Schatzkammer", werden neben dem Höhlenlöwen das berühmte nur 3,8 cm große Mammut vom Vogelherd ausgestellt. Seit Juli 2020 bereichert den Park das lebensgroße Wollhaarmammut „Zottel", das seit Mai 2021 von einem Mammutbaby begleitet wird.

DD

Weitere Informationen unter:
www.archaeopark-vogelherd.de
www.welt-kultursprung.de

Literatur:

Conard, N.J., Bolus, M., Dutkiewicz, E. & Wolf, S. (2015): Eiszeitarchäologie auf der Schwäbischen Alb. Die Fundstellen im Ach- und Lonetal und in ihrer Umgebung. – 276 S.; Tübingen.
Conard, N.J. & Kind, C.-J. (2017): Als der Mensch die Kunst erfand. Eiszeithöhlen der Schwäbischen Alb. – 192 S.; Stuttgart.
Heidenreich, S.M. & Meister, C. (2019): UNESCO-Welterbe „Höhlen und Eiszeitkunst der Schwäbischen Alb". – 164 S.; Stuttgart (Deutsch und Englisch).

08 Jung gestorben in uralten Zeiten –

Der Urmensch von Steinheim und sein Museum

Steinheim (Murr)

Wir befinden uns im Sommer des Jahres 1933. In den Kiesgruben um Steinheim an der Murr, einer Stadt im Landkreis Ludwigsburg, wird wie üblich gearbeitet. Schon seit Jahrzehnten waren hier immer wieder Knochen von Tieren des Eiszeitalters, darunter z. B. Steppenmammuts, Wildpferde, Bisons, Löwen, Wasserbüffel oder Nashörner zutage gekommen und dem Naturkundemuseum Stuttgart übergeben worden. Die Mitarbeiter der Kiesgruben wussten, dass sie auf Funde achten sollten. Auch die Auffindung von Urmenschenresten wurde seitens der Museumswissenschaftler für möglich gehalten.

Ein fast vollständiger Schädel

Am 24. Juli 1933 geschah das Erhoffte. In der Mitte einer 15 m hohen Abbauwand in der Kiesgrube Sigrist bemerkte Karl Sigrist einen Schädelrest. Fritz Berckhemer (1890–1954), Paläontologe am Naturkundemuseum Stuttgart, wurde gerufen. Zusammen mit einem Mitarbeiter nahm er die Bergung und Verbringung des Fundes nach Stuttgart vor. Das Original des Steinheimer Urmenschenschädels ist dort bis heute eines der wichtigsten und wertvollsten Objekte.

Berckhemer verfasste auch die erste wissenschaftliche Bearbeitung des Fundes. Er wies den relativ vollständigen und grazilen Schädel einer Frau zu und bestimmte deren Lebensalter über die Bezahnung auf 25 Jahre. Mit Bezug auf den Fundort beschrieb er den Schädel als eine neue Menschenart mit der wissenschaftlichen Bezeichnung *Homo steinheimensis*.

Abb. 1
In Steinheim ist man stolz auf seinen berühmten Urmenschenfund. Mit dem Urmensch-Museum gibt es die Möglichkeit, am Ort der Entdeckung mehr über den *Homo steinheimensis* zu erfahren.

Die über Knochenfunde nachgewiesenen Tierarten aus der Fundschicht der Steinheimerin belegen, dass diese in einer älteren Warmzeit lebte. Dies ist die Holstein-Warmzeit, womit der Fund ein Alter von 330.000 Jahren hat. Anatomisch wird *Homo steinheimensis* heute keiner eigenen Art mehr zugeordnet, sondern meistens der Gruppe der frühen Neandertaler zugewiesen.

Der Schädel der Steinheimerin zeigt an der linken Seite und an der Basis Beschädigungen. Früher sah man darin Spuren einer Gewalteinwirkung. Heute nimmt man natürliche Ursachen als Grund dafür an. Eine besondere Entdeckung ergab eine computertomographische Untersuchung des Schädels: Demnach litt die Frau an einem gutartigen Gehirntumor.

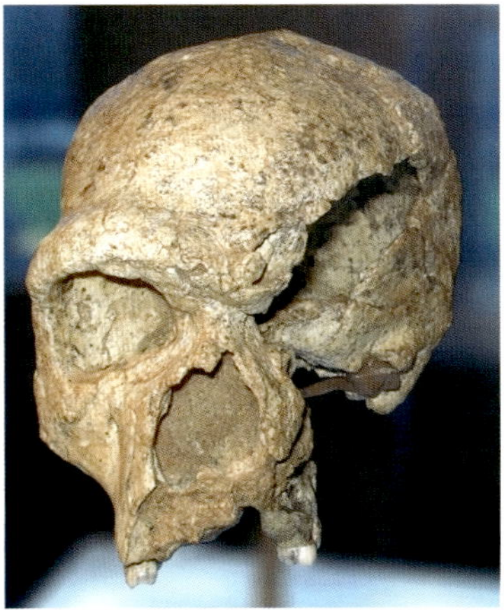

Abb. 2
Der Steinheimer Urmenschenschädel stammt von einer jungen Frau und ist etwa 330.000 Jahre alt. Deutlich ist die Beschädigung an der Seite zu erkennen.

Ein Museum für die älteste Steinheimerin

Abb. 3
Lebensechte Ganzkörperrekonstruktion der altsteinzeitlichen Steinheimerin, angefertigt 2017 durch die französische Künstlerin Elisabeth Daynès.

Seit 1968 gibt es in Steinheim zu seinem weltberühmten Urmenschen und den Begleitfunden ein Museum. Auch wenn der Originalschädel in Stuttgart aufbewahrt wird und in Steinheim nur ein Abguss zu sehen ist, lohnt hier ein Besuch. An der Ausstellungskonzeption waren zuletzt auch der langjährig am Naturkundemuseum Stuttgart tätige und für den Steinheimer Urmenschen zuständige Paläontologe Prof. Dr. Karl Dietrich Adam (1921–2012) und sein Museumskollege Dr. Gert Bloos beteiligt.

Auf 340 m^2 Ausstellungsfläche, verteilt auf zwei Etagen, wird mit Texten, Grafiken, Lebensbildern, vielfältigen Objekten sowie wichtigen Funden die Urgeschichte des Menschen sowie Spezielles zum Steinheimer Urmenschen, seiner Forschungsgeschichte, der Geologie der Region und zur Lebenswelt von Steinheim in der Eiszeit präsentiert. Eindrucksvolle Exponate

Abb. 4
Skelettmontage des Steinheimer Steppenmammuts im Urmensch-Museum.

sind z. B. die Skelettmontage eines Steppenmammuts mit 3,75 m Schulterhöhe oder die 2017 angefertigte lebensechte Ganzkörperrekonstruktion der altsteinzeitlichen Steinheimerin.

Das Urmensch-Museum befindet sich im Hans-Trautwein-Haus am Kirchplatz 4 in Steinheim an der Murr und ist ein Zweigmuseum des Naturkundemuseums Stuttgart.

WR

Weitere Informationen unter:
www.stadt-steinheim.de
www.foerderverein-urmensch-museum.de
www.naturkundemuseum-bw.de

Literatur:

Adam, K. D. (1984): Der Mensch der Vorzeit. Führer durch das Urmensch-Museum Steinheim an der Murr. – 172 S.; Stuttgart.
Adam, K. D. (2009): Homo steinheimensis. – 148 S.; Remshalden.
Bloos, G. (2021): The stratigraphic position of *Homo steinheimensis* (late Middle Pleistocene, SW Germany). – Neues Jahrbuch für Geologie und Paläontologie - Abhandlungen, Bd. 302, Heft 2, S. 169–208; Stuttgart.
Czarnetzki, A., Schwaderer, E. & Pusch, C. M. (2003): Fossil record of meningioma. – The Lancet, Bd. 362, Heft 9381, S. 408; London.
Wahl, J., König, H. J. & Ziegler, R. (2009): Die Defekt- und Verformungsspuren am Schädel des Urmenschen von Steinheim an der Murr. – Fundberichte aus Baden-Württemberg, Bd. 30, S. 7–28; Stuttgart.

Spuren eiserfüllter Zeiten –

Von Gletschern auf dem Feldberg im Schwarzwald

09

Feldberg

Wer heute in Deutschland Gletscher sehen möchte, der muss in die bayerischen Alpen fahren. Derzeit gibt es dort noch fünf Gletscher. Diese sind an der Zugspitze der nördliche und südliche Schneeferner und der Höllentalferner sowie in Berchtesgaden der Watzmanngletscher und der Blaueisgletscher am Hochkalter. Ihre Eisfläche beträgt weniger als einen halben Quadratkilometer. Im Zuge der fortschreitenden Klimakrise wird erwartet, dass Deutschland in zehn Jahren gletscherfrei ist.

Gletscher wie in den Alpen

In der letzten Kaltzeit (Würm-Eiszeit) wiesen auch einige Mittelgebirgsregionen in Deutschland Vergletscherungen auf. Dazu zählen z. B. der Harz mit dem Brocken (1.141,2 m ü. NHN), der Bayerische Wald mit dem Großen Arber (1.455,5 m ü. NHN) und der Schwarzwald mit dem Feldberg (1.493 m ü. NHN). Der Schwarzwald ist das größte Mittelgebirge Deutschlands und der Feldberg der höchste Mittelgebirgsberg.

Der Feldberggletscher war eine großflächige Eismasse, welche zur Hochphase der letzten Kaltzeit vor etwa 20.000 Jahren das Plateau der Gipfelzone des Feldberges sowie von dort aus ringsum alle umliegenden Täler des Südschwarzwaldes umfasste. Seine Gesamtfläche betrug bei Maximalstand annähernd 1.000 km^2. Die verschiedenen Talgletscher

Abb. 1
Der Feldberggipfel ganz in Weiß. Ein Foto aus heutiger Winterzeit und kein Vergleich zur Eisbedeckung mit einem Plateaugletscher während der letzten Eiszeit.

Abb. 2
Blick vom Feldberg ins Albtal. Während der Hochphase zur letzten Eiszeit war das Tal auf einer Länge von 25 km vergletschert.

werden nach den heutigen Tälern bezeichnet. Im Einzelnen waren dies der Titisee-, der Schluchsee-, der Albtal-, der Wiesental-, der Zastertal- und der St. Wilhelmer Tal-Gletscher. Um die Dimension dieser Gletscher zu verdeutlichen; der längste war mit 25 km der Albtalgletscher. Das entspricht der Ausdehnung des heute längsten Gletschers der Alpen, des Aletschgletschers.

Die Spuren des Feldberggletschers sind in der heutigen Landschaft noch deutlich zu erkennen. Größte und deutlichste Spur am Feldberg ist der Feldsee und sein Felskessel. Eine solche kesselförmige Eintiefung an einem Berghang unterhalb der Kamm- oder Gipfelregion wird als Kar

Abb. 3
Vom Seebuck aus hat man einen guten Blick in das Feldseekar hinunter zum Feldsee.

Abb. 4
Herbstliche Stimmung am Feldsee mit Blick in den Felskessel des Feldseekars.

bezeichnet. Das Feldseekar war der Ausgangspunkt eines Gletschers und wurde von diesem bei seiner Bewegung talwärts ausgeschürft. Nicht selten bildet sich nach dem Abschmelzen des Gletschers im übertieften Karboden ein See. Dieser wird als Karsee bezeichnet. Weitere vom Eis geschaffene Landschaftspuren sind Moränen. Es handelt sich um wallartige Aufschüttungen, bestehend aus Gesteinen und Sedimenten, welche über den Gletscher mitbewegt und z. B. an dessen Seiten (Seitenmoränen) oder Stirn (Endmoränen) zur Ablagerung kamen. Am östlichen Ufer des Feldsees sind Endmoränenwälle gut erhalten. Diese markieren einen stabilen Gletscherstand, an dem sich Vorstoß und Abschmelzung für eine gewisse Zeit die Waage hielten.

Wege des vergangenen Eises

Für Eiszeitwanderungen am Feldberg sind zwei Wegstrecken zu empfehlen, eine längere um den Gipfelbereich und eine kürzere zum Feldsee. Die Tour um den Gipfelturm und über den Seebuck beginnt am Haus der Natur, Naturschutzzentrum Südschwarzwald, und ist 14 km lang. Der Weg führt über die Todtnauer Hütte und Wilhelmer Hütte zum Feldberggipfel und von dort weiter über die Zastlerhütte, die Baldenweger Hütte und den Seebuck zurück zum Haus der Natur. Ein Highlight der Strecke ist der Blick von der Bergstation der Feldbergbahn hinunter in das Feldseekar zum Feldsee.

Abb. 5
Die Endmoränen im Wald am Feldsee sind letzte Zeugen eines Gletschers am Feldberg.

Die Wanderung zum Feldsee beginnt und endet am Wanderparkplatz Kunzenmoos. Die Strecke beträgt 9 km. Dem Wegweiser „gelbe Raute" folgend gelangt man zum Feldsee. Nach seiner Umrundung geht es zum Raimartihof und von dort zurück zum Kunzenmoos. Die Endmoränen am Feldsee sind letzte Zeugen der Gletscher am Feldberg, denn zum Ende der letzten Eiszeit (Spätglazial) vor rund 14.000 Jahren verschwand das Eis.

WR

Weitere Informationen unter:
www.naz-feldberg.de

Literatur:

Genser, H. & Grimm, J. (2005): Spuren der Eiszeit im Naturpark Südschwarzwald. 30 Ausgewählte Wanderungen. – Naturkundliche Reihe des Naturparks Südschwarzwald, Bd.1, 135 S.; Offenburg.
Hemmerle, H., May, J.-H. & Preusser, F. (2016): Übersicht über die pleistozänen Vergletscherungen des Schwarzwaldes. – Berichte der Naturforschenden Gesellschaft zu Freiburg i. Br., Bd. 106, S. 3–67; Freiburg i. Br.
Regierungspräsidium Freiburg (Hrsg.) (2012): Der Feldberg. Subalpine Insel im Schwarzwald. – 492 S.; Stuttgart.

Durch den Staub der Eiszeit – Die „Weiße Hohle" bei Nußloch im Rhein-Neckar-Kreis

10

Während der Eiszeiten trafen Winde aus west-südwestlicher Richtung in der Oberrheinebene auf den mäandrierenden Rhein, dessen einzelne Wasserläufe sich in der flachen Flussebene Wege durch die weitestgehend vegetationsfreien Sand- und Kiesbänke suchten. Vor allem in kälteren Eiszeitphasen konnten die Winde größere Mengen einer staubig-sandigen Fraktion aus den trockenen Bereichen aufnehmen. Bereits wenige 100 m östlich vom Auswehgebiet, auf der nächst höher gelegenen Ebene, fiel der Feinsand als schwerere Last wieder aus. Hier entstanden Flugsanddecken und Dünen.

Feine Fracht im Wind

Die feinkörnigere Fraktion blieb im Wind. Am östlichen Grabenrand, dem Odenwald bzw. der südlichen Bergstraße, wurde ein Teil dieser staubigen Fracht zu schwer und es kam zur Bildung von mächtigen Lössablagerungen. Löss ist ein vom Wind verfrachtetes („äolisches") Sediment, welches weitgehend aus Schluff (Korngröße 0,002-0,63 mm) besteht. Die Hauptbestandteile sind Quarz (60–80 %), Kalk (10–30 %) sowie Feldspat und Glimmer. Löss hat eine gute Wasserhaltefähigkeit. Dies, sowie sein Kalkgehalt, machen ihn zum Ausgangsmaterial für sehr fruchtbare Böden. In Deutschland sind bis zu 40 m mächtige Lösspakete vom Kaiserstuhlgebiet bekannt.

Abb. 1
Infotafel zur Geologie am Beginn des Wanderweges durch die „Weiße Hohle" am Wanderparkplatz „Weiße Hohle".

Eine eindrucksvolle Tour durch diesen Eiszeitstaub kann man 10 km südlich von Heidelberg, am östlichen Ortsrand von Nußloch, in der sog. Weißen Hohle unternehmen. Die steilen, bewaldeten Flanken dieses 500 m langen Hohlweges werden durch mehrere Meter mächtigen Löss gebildet. Die helle Sedimentfarbe gab dem Weg seinen Namen. Löss ist sehr standfest, weshalb gerade hierin durch alte und lange genutzte Zugänge tiefe Hohlwege entstanden.

Über wissenschaftliche Untersuchungen eines 15 m mächtigen Schichtenprofils ist bekannt, dass der größte Teil der Lössschichten in der „Weißen Hohle“ aus der letzten Kaltzeit stammt. Eine wichtige Zeitmarke in der oberen Hälfte der Lössabfolge liegt 5 bis 6 m unter dem heutigen Boden. Es handelt sich um eine wenige Millimeter dicke Lage aus vulkanischer Asche. Dieser Horizont, er wird als Eltviller Tuff bezeichnet, steht im Zusammenhang mit einem Vulkanausbruch in der Osteifel vor etwa 20.000 Jahren.

Abb. 2
Schichten des Oberen Buntsandsteins auf der linken Hohlwegseite zu Beginn des Zugangs in die „Weiße Hohle“ am Wanderparkplatz „Weiße Hohle“ östlich von Nußloch.

Unter dem Löss der letzten Eiszeit folgt eine bräunliche Bodenbildung aus der letzten Warmzeit von vor etwa 120.000 Jahren. Daran schließt sich Löss aus der vorletzten Kaltzeit an. Danach folgt wieder eine bräunliche Bodenbildung, vermutlich aus der vorletzten Warmzeit vor 220.000 Jahren. Die letzte Lösseinheit repräsentiert wieder eine Eiszeit (mittlere oder ältere Riss-Kaltzeit).

Die Basis des Profils bilden rötlich-bräunliche Plattensandsteine des Oberen Buntsandsteins. Zu sehen sind diese gleich am südlichen Eingang des Hohlweges auf der linken Seite.

Abb. 3
Aus den Lössablagerungen der „Weißen Hohle“ ausgewitterte Lösskindel.

Abb. 4
Blick in den unteren Bereich der „Weißen Hohle“ mit seinen baumbestandenen Lösswänden.

Abb. 5
Detailansicht des oberen Bereiches einer Lösswand im mittleren Abschnitt der „Weißen Hohle“.

Auf dem Weg durch die „Weiße Hohle“ trifft man immer wieder auf knollige Konkretionen. Diese entstanden, nachdem in oberen Lösspartien durch kohlensäurehaltige Sickerwässer Kalk gelöst wurde, um später wieder in tieferen Bereichen ausgefällt zu werden. Manchmal sehen die Konkretionen wie kleine Puppen aus, weshalb man sie Lösskindel nennt.

Das Naturdenkmal „Weiße Hohle“ ist vom Wanderparkplatz am östlichen Ortsausgang von Nußloch leicht zu erreichen. Hier befinden sich auch Tafeln mit Informationen zur Geologie sowie zu weiteren Wanderwegen, darunter ein Vogel- und ein Naturlehrpfad.

WR

Literatur:

Löscher, M. & Zöller, L. (2001): Lössforschung im nordwestlichen Kraichgau. – Jahresberichte und Mitteilungen des Oberrheinischen Geologischen Vereins, NF, Bd. 83, S. 317–326; Stuttgart.

11 Alter Typ mit Entwicklungspotenzial – Der *Homo heidelbergensis* von Mauer an der Elsenz

Mauer

Etwa 14 km südöstlich von Heidelberg liegt der Ort Mauer an der Elsenz. Vor etwa 600.000 Jahren lagerte der Neckar hier in einer Flussschlinge große Mengen Sand ab. Diese Sande, auch Mauerer Sande genannt, wurden in Mauer und benachbarten Orten zum Teil bis in die 1960er Jahre abgebaut. Seit dem 19. Jahrhundert waren versteinerte Tierknochenfunde aus den Gruben bekannt. Auch Otto Schoetensack (1850–1912), Privatgelehrter für Urgeschichte und Paläontologie an der Universität Heidelberg, kannte die Funde. Für ihn stand fest, dass man in den Sanden irgendwann auch einen Urmenschen finden würde. Aus diesem Grund stand er in regem Austausch mit den Sandgrubenbesitzern und Arbeitern. Am 21. Oktober 1907 sollte seine Vorahnung wahr werden. Daniel Hartman (1854–1952) fiel beim Sandsieben in der Grube Grafenrain bei Mauer ein Brocken auf, der sich bei näherer Betrachtung als Unterkiefer eines Menschen herausstellte. Bereits am nächsten Tag kam Schoetensack nach Mauer und bestätigte, dass es sich um einen Urmenschenrest handelte. Unter dem Namen *Homo heidelbergensis* wurde der Fund von ihm 1908 wissenschaftlich beschrieben. Das Original wird heute im Institut für Geowissenschaften der Universität Heidelberg aufbewahrt.

Abb. 1
In 2007 wurde in einem Teil der Sandgrube Grafenrain in Mauer ein Schichtprofil freigelegt, das sehr schön den Aufbau der Mauerer Sande mit den Fundschichten (untere Mauerer Sande) zeigte.

Abb. 2
Historische Aufnahme der Sandgrube Grafenrain mit Markierung der Fundstelle des Unterkiefers (weißes Kreuz, das im Bild nur schwer zu sehen ist).

Ein Ur-Europäer

Es gibt Skeletttteile, die bei ihrer Auffindung gleich erkennen lassen, dass es sich um Menschenreste handelt. Der Unterkiefer aus Mauer ist so eines. Sogar der Entdecker Daniel Hartmann erkannte, dass es sich um den Rest eines Menschen handelt. Noch am Abend des Fundtages verkündete er in einer Gastwirtschaft in Mauer seine Entdeckung mit den Worten *„Heit haw ich de Adam gfunne“*.

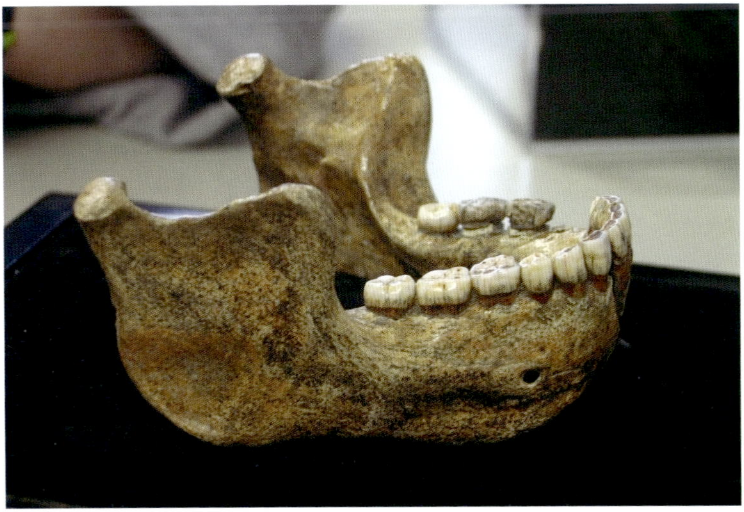

Abb. 3
Der originale Unterkiefer des *Homo heidelbergensis* wird im Institut für Geowissenschaften der Universität Heidelberg aufbewahrt.

Abb. 4
Ein Teil der Sandgrube Grafenrain bei Mauer ist heute noch zugänglich. Mehrere Tafeln geben Informationen zu den Fundschichten und Funden sowie zur regionalen Geologie.

Bis auf zwei fehlende Vorbackenzähne, die bei der Auslagerung im Zweiten Weltkrieg verloren gingen, ist der Unterkiefer vollständig erhalten. Aufgrund seiner Größe wird vermutet, dass der Kiefer einem Mann gehörte. Über den Zahnstatus wird ein Individualalter von 20 bis 40 Jahren angenommen.

Die Tierreste aus den Mauerer Sanden zeigen, dass der *Homo heidelbergensis* in einer Warmzeit lebte. Diese wird als „Mauerer Waldzeit" bezeichnet. Typische Säugetiere sind z. B. Waldelefant, Wollhaarnashorn,

Abb. 5
Leben und Landschaft in der Region um Mauer zur Zeit des *Homo heidelbergsis* vor etwa 600.000 Jahren. Großes Wandgemälde angefertigt zum Jubiläum „100 Jahre *Homo heidelbergensis*" in Mauer im Jahre 2007.

Reh, Flusspferd oder Löwe. Die Pflanzenwelt bestand neben Gräsern und Sträuchern z. B. aus Heidekraut, Eichen, Birken, Fichten, Weiden und Ulmen.

Hinweise auf eine Todesursache finden sich am Unterkiefer keine. Vielleicht wurde der Mann von einem Löwen angegriffen, ist bei Hochwasser ertrunken oder starb aus einem ganz anderen Grund. Fest steht jedoch, dass er in der Nähe seines späteren Fundortes zu Tode gekommen sein muss, denn der Unterkiefer weist keinerlei Abrollspuren auf, welche auf einen längeren Transport im Fluss hindeuten.

Als gemeinsamer Vorfahre von Neandertaler und anatomisch modernem Menschen nimmt der *Homo heidelbergensis* eine zentrale Stellung im Stammbusch des Menschen ein.

Abb. 6
Im kleinen urgeschichtlichen Museum im Rathaus von Mauer sind verschiedenen Funde aus der Sandgrube Grafenrain ausgestellt.

Interessant zu sehen

Heute sind die Sandgruben, darunter auch die weltberühmte Fundstelle, ganz oder teilweise mit Abraum verfüllt und zugewachsen. Die Grube Grafenrain bei Mauer ist jedoch in Teilen zugänglich. Infotafeln geben hier Erklärungen zur Geologie und Fundgeschichte. Weitere Informationen, aber auch zahlreiche Knochenfunde aus den Sandgruben sind im kleinen Urgeschichtlichen Museum im Rathaus von Mauer ausgestellt.

WR

Weitere Informationen unter:
www.gemeinde-mauer.de
www.homoheidelbergensis.de

Literatur:
Liebig, V. & Rosendahl, W. (Hrsg.) (2007): Spuren im Sand. Der Urmensch und die Sande von Mauer. – Kulturgestein, Bd. 3, 57 S.; Stuttgart.
Wagner, G. A., Rieder, H., Zöller, L. & Mick, E. (2007): *Homo heidelbergensis*. Schlüsselfund der Menschheitsgeschichte. – 368 S.; Darmstadt.

12 Dünen ohne Meeresstrand – Der Glockenbuckel bei Viernheim

Viernheim

Nicht nur über die klimagesteuerte Flussdynamik des Rheins und seiner Nebenflüsse kam es im Oberrheingraben zu bedeutenden Ablagerungen aus dem jüngsten Eiszeitalter. Auch die eiszeitlichen Winde haben in der Landschaft noch heute deutlich sichtbare Spuren hinterlassen. Ein sehenswertes Beispiel dafür ist das in einem Waldareal zwischen Viernheim und Mannheim gelegene Naturschutzgebiet „Glockenbuckel". Ein Besuch ist eine Begegnung mit dem Klima und den landschaftsformenden Prozessen zum Ende der letzten Kaltzeit.

Vom Winde verweht

In der Oberrheinebene trafen die Winde zum Ende der letzten Kaltzeit auf den stark mäandrierenden Flusslauf des Rheins. Die einzelnen Wasserläufe suchten sich über die gesamte Breite der flachen Flussebene Wege durch die weitestgehend vegetationsfreien Sand- und Kiesbänke. Vor allem in trockeneren Kaltzeitphasen konnten die Winde immer wieder größere Mengen der feinkörnigen Fraktion aus den trocken gefallenen Bereichen aufnehmen und als Windfracht weiter transportieren. Bereits wenige 100 m vom Auswehgebiet entfernt wurden auf der nächst höher gelegenen Flussterrasse zuerst die schwerere Fraktion, der Feinsand, fallengelassen und abgelagert. Dieser wird wegen des Ablagerungsprozesses auch als Flugsand bezeichnet, sein Korndurchmesser liegt zumeist im Bereich von 0,125 bis 0,25 mm.

Abb. 1 Blick auf den Glockenbuckel, mit 15 m die höchste und namensgebende Düne im Gebiet.

Abb. 2
Infotafeln im Dünengebiet erläutern die Geologie, das Wegenetz sowie die Tier- und Pflanzenwelt.

Fast wie am Meer

Zuerst bildeten sich kleine Sandwellen, nach und nach wurden die Sande anschließend zu Dünen zusammengeweht und aufgeschichtet. Im Gegensatz zu den Dünen an Meeresküsten werden sie als Binnendünen bezeichnet. Bei den Dünen im Oberrheingraben handelt es sich zumeist um sog. Walldünen mit geradlinigem Kamm. Es gibt aber auch sichelförmig vorgewölbte Dünen, die Parabeldünen. Über Datierungen ist bekannt, dass die Dünen während der letzten Phase der Würm-Kaltzeit vor etwa 12.000 bis 15.000 Jahren entstanden sind.

Aus welcher Richtung die Winde zum Ende der letzten Eiszeit zumeist wehten, verrät die Ausrichtung der Dünen. Ihre flache, windzugewandte Seite (Luv) ist nach West-Südwesten ausgerichtet, die steile, windabgewandte Seite (Lee) entsprechend nach Ost-Nordosten. Dies zeigt, dass damals wie heute die Winde vorherrschend aus west-südwestlicher Richtung wehten.

Abb. 3
Blick über die wellig-sandige Ebene des Dünengebietes.

Abb. 4
Zum Schutz der besonderen Lebenswelt in den Dünen führen abgezäunte Wanderwege durch das Naturschutzgebiet.

Im Oberrheingraben befinden sich heute in einer etwa 130 km langen Zone zwischen Iffezheim im Süden und Mainz im Norden großflächige Flugsanddecken und unterschiedlich große Dünenfelder. Der Glockenbuckel ist eines der sehenswertesten Dünengebiete in dieser Zone. Die Dünenlandschaft ist über markierte Wanderwege erschlossen. Zwei Tafeln informieren über die Geologie – 2007 war der Glockenbuckel Geotop des Jahres im Geo-Naturpark Bergstraße Odenwald – und über die Tier- und Pflanzenwelt des Naturschutzgebiets.

Binnendünen sind in mehrfacher Hinsicht ein extremer Lebensraum. Die Sande können z. B. im Sommer Temperaturen bis zu 70°C erreichen und sind außerdem sehr nährstoffarm. Sehr angepasste und spezialisierte, mittlerweile aber auch sehr seltene Arten leben in diesem außergewöhnlichen Habitat und seinem Umfeld. 1998 wurde das Gebiet um den Glockenbuckel deshalb als Naturschutzgebiet ausgewiesen.

Abb. 5
Die Dünen sind aus den vom Wind verfrachteten Feinsanden aufgebaut, die deshalb auch als Flugsande bezeichnet werden.

Die Anfahrt empfiehlt sich über die Straße „Am Sandhöfer Weg" im Westen von Viernheim bis zum Parkplatz „Sandgabe". Weitere interessante Dünenfelder im Oberrheingraben befinden sich z. B. in Sandweier südlich von Rastatt und Oftersheim südlich von Mannheim.

WR

Weitere Informationen unter:
www.geo-naturpark.net

Literatur:

Löscher, M. (1994): Zum Alter der Dünen auf der Niederterrasse im nördlichen Oberrheingraben. – Beih., Veröff., Naturschutz Landschaftspflege Bad.-Württ., Bd. 80, S. 17–22; Karlsruhe.

Rosendahl, W., Huth, T., Geyer, M., Megerle, M. & Junker, B. (2019): Entlang des Rheins von Basel nach Mannheim. – Wanderungen in die Erdgeschichte, Bd. 38, 160 S.; München.

Basalt als fossiler Blockgletscher – Der Schafstein bei Wüstensachsen in der Röhn

13

Wüsten-sachsen

Der Schafstein liegt ca. 2,1 km westlich von Wüstensachsen im hessischen Landkreis Fulda und ca. 3,5 km west-südwestlich des Dreiländerecks Bayern-Thüringen-Hessen. Er ist ein ca. 832 m über dem Meeresspiegel hoher Berg, der zum Mittelgebirge Rhön gehört.

Eine heiße Phase der Landschaftsentstehung

Das Gebiet zwischen dem hessischen Bad Hersfeld, dem bayerischen Bad Brückenau und dem thüringischen Meiningen besteht zum größten Teil aus den Schichtfolgen der Triaszeit (vor 251 bis 201 Millionen Jahre). Vor ca. 25 bis 11 Millionen Jahren, im Tertiär, drangen aus Störungen in der Erdkruste in mehreren Phasen vulkanische Tuffe, Basalte und andere Erstarrungsgesteine an die damals bereits mit deutlichem Relief versehene Oberfläche. Tuffe und Basalte breiteten sich flächenhaft über die Trias- und älteren Tertiär-Schichten der Rhön aus. Es spricht einiges dafür, dass dieser Vulkanismus durch die Prozesse der Alpenentstehung verursacht wurde.

Abb. 1 Blick von Südosten über die Ortschaft Wüstensachsen auf den Schafstein.

Nach dieser vulkanischen Phase im jüngeren Tertiär kam es kaum noch zur Sedimentbildung. Die Erosion zerlegte die Basaltdecke in mehrere große und kleine Parzellen, von denen der Basaltzug von Wasserkuppe, Heidelstein, Ellenbogen und Auersberg die größte ist. Den Schafberg kann man gerade noch als Teil dieses Basaltbereichs erkennen. Die heute noch vorhandenen Basaltdeckenteile haben die darunter liegenden Schichten vor der Erosion geschützt und ermöglichen es so, die gesamte, vor der vulkanischen Phase gebildete Schichtenfolge zu erkennen.

Geologische Rutschpartie

Der Basalt mit seinen oft deutlich ausgeprägten Säulen liegt somit häufig auf sehr leicht verwitterbaren und zu Rutschungen neigendem Tuff oder Trias-Gesteinen. Der Basalt selbst neigt dazu, in gröbere Brocken zu zerfallen. Speziell die Frostsprengung während der letzten Kaltzeiten lieferte viel Blockschutt, der in diesen Klimaphasen von Eis zusammengehalten als ein aktiver Blockgletscher auf schmierigem Untergrund die sanften Hänge hinunterglitt. Der Blockschutt wurde zu regelrechten Blockwällen – Blockmoränen - aufgetürmt. Die Flächen der Blockbestreuung auf der Nord- und Ostseite des Schafbergs, die man wegen des heute nicht mehr direkt nachweisbaren Eises als Blockmeere und -halden bezeichnet, erreichen am Schafberg bis zu 240 m Länge und 100 m Breite und eine Mächtigkeit bis zu 30 m. Die Blockgletscher bildeten sich in Kaltzeiten unmittelbar unter der jeweiligen Schneegrenze, was das Bodenfließen begünstigte. Heute sieht man die Blockhalden am Schafstein als fossile Blockgletscher an.

Der gute Boden fällt durchs Sieb

Die große Mächtigkeit der Blockhalden bewirkt, dass sich kein Feinmaterial an der Oberfläche ansammeln kann, weil alles Feinmaterial zwischen den Blöcken in die Tiefe fällt oder gespült wird. Ein Samen würde

Abb. 2
Blick über das Blockmeer am Nordhang des Schafsteins.

Abb. 3
Der Schafstein von der Wasserkuppe aus gesehen.

im Dunkeln zwar keimen, dann aber sterben. Nur an der Oberfläche können Algen, Moose und Flechten regelmäßig auf den Basaltbrocken überleben, weshalb die Blockmeere meist frei von Bäumen sind.

Die großen Hohlräume bewirken auch, dass im Sommer die im Inneren der Halde abgekühlte Luft als Kaltluftstrom am Fuß der Halde ausströmt und dort kälteliebende Pflanzen gedeihen lässt, während im Winter die relativ warme Luft im Inneren der Halde bergauf ausströmt und dort wärmeliebende Pflanzen begünstigt.

Rund um den Schafstein gibt es vielfältige Wandermöglichkeiten, darunter auch ein Rundweg über das Gipfelplateau.

Für eine Anfahrt zum Schafstein empfiehlt sich z. B. über die B284 von Wüstensachsen ca. 3,5 km in Richtung Wasserkuppe zu fahren und dann zur Wasserkuppe abzubiegen. Nach ca. 1 km kann der Parkplatz „Fuldaquelle“ als Ausgangspunkt einer Wanderung zum ca. 2 km entfernten Schafstein dienen.

RD

Weitere Informationen unter:
www.hlnug.de/themen/geologie/geotope/jahreszeiten-geotope/fruehling-2011#

Literatur:
Schmidt, S. (1999): Rutschungen in der Rhön – Eine Gefahren- und Risikoanalyse des Mittleren und Oberen Ulstertals (hess. Rhön). – Dissertation Philipps-Universität Marburg. 241 S.; Marburg/Lahn.
http://archiv.ub.uni-marburg.de/diss/z1999/0104/pdf/dss.pdf

14 Zeugen und Schaufenster eiszeitlichen Lebens am Mittelrhein – **Museum Monrepos und der Fundplatz Gönnersdorf bei Neuwied**

Neuwied

Das Mittelrheintal im Gebiet um Koblenz, Andernach und Neuwied ist reich an altsteinzeitlichen Fundstellen. Von großer Bedeutung für die Rekonstruktion des Lebens am Ende der jüngeren Altsteinzeit ist der Fundplatz Gönnersdorf in Feldkirchen, einem Stadtteil von Neuwied. Von 1968 bis 1979 wurden unter der Leitung des Urgeschichtlers Gerhard Bosinski tausende von Funden aus der Zeit vor etwa 15.800 Jahren ausgegraben. Der Siedlungsplatz war durch die Überdeckung mit Bimsschichten des in 12 km Luftlinie entfernt liegenden Laacher See-Vulkans außergewöhnlich gut erhalten. Der mächtige Vulkanausbruch fand vor etwa 13.000 Jahren statt. Gegenüber von Gönnersdorf, am linken Rheinufer, in nur etwa 2 km Entfernung, befindet sich der etwa gleichalte Fundplatz Andernach.

„Wie wir wurden, was wir sind"

Durch die Entdeckung der Fundplätze Gönnersdorf und Andernach im Neuwieder Becken kam es zur Gründung des „Forschungsbereich Altsteinzeit" und des „Museum für die Archäologie des Eiszeitalters". Beide Institutionen sind seit 1988 im Schloss Monrepos, oberhalb von Neuwied-Niederbieber, untergebracht. Es ist das frühere Palais Waldheim der ehemaligen Sommerresidenz „Monrepos" des Fürstenhauses zu Wied.

Nach umfassenden Sanierungs- und Ausbauarbeiten am Schloss fand 2014 die Eröffnung einer neuen Dauerausstellung mit dem Titel „MenschlICHes VERSTEHEN" statt. Nicht nur Informationen der Fundstellen des Neuwieder Beckens, sondern die ganze Breite der

Abb. 1
Seit 1988 ist im Schloss Monrepos ein archäologisches Forschungszentrum und Museum für menschliche Verhaltensevolution, eine Einrichtung des Römisch-Germanischen Zentralmuseums in Mainz, Leibniz-Forschungsinstitut für Archäologie, untergebracht.

Abb. 2
Blick in die Dauerausstellung „MenschlICHes VERSTEHEN" im Schloss Monrepos bei Neuwied-Niederbieber.

Menschwerdung bis ins Jetzt werden mit neuesten museumspädagogischen Methoden vermittelt. Das Besondere ist die Verknüpfung von Forschungsergebnissen und musealer Präsentation. Neben Basis-Führungen und Familien-Führungen werden auch Lehrveranstaltungen und Praktika für Studierende angeboten. Es empfiehlt sich eine Themen-Führung mit Experten zu buchen, um die Vielfalt der dargebotenen Möglichkeiten zu entdecken.

Mit der Neukonzipierung der Ausstellung folgte auch eine Neuausrichtung des Forschungsbereichs, was mit einer Namensänderung einherging. Aus dem „Forschungsbereich Altsteinzeit" und dem „Museum für die Archäologie des Eiszeitalters" wurde 2012 „Monrepos – Archäologisches Forschungszentrum und Museum für menschliche Verhaltensevolution", eine Einrichtung des Römisch-Germanischen Zentralmuseums in Mainz.

Das reiche Fundmaterial der Fundstelle Gönnersdorf wurde und wird hier erforscht und ist im Kontext der wissenschaftlichen Erkenntnisse auch Teil der modernen Museumspräsentation.

Abb. 3
Rekonstruktion einer jurtenartigen Zelthütte nach Befunden von Gönnersdorf. Für den Fundort nimmt man solche runden Behausungen mit bis zu 8 m Durchmesser an.

Abb. 4
Stilisierte Frauenfiguren, eingraviert in eine Schieferplatte vom Fundplatz Gönnersdorf.

Zelte und kunstvolle Schieferplatten

Der Lagerplatz datiert in die Kulturstufe des Magdalénien (jüngere Altsteinzeit) und bestand aus mehreren bis zu 8 m Durchmesser runden Zelten und jurtenartigen Hütten. Der Boden war mit devonischen Schieferplatten befestigt, die mit Gravuren von stilisierten Frauen und sehr realistischen Tierdarstellungen übersät waren. Insgesamt sind über 1.000 solcher Platten erhalten.

Als Jagdbeute nachgewiesen sind vor allem Pferde, aber auch Rentiere, Wildrind, Saiga-Antilopen, Gämsen, Eisfüchse, Schneehasen sowie verschiedene Vögel und Fische. Werkzeuge aus verschiedenen Gesteinen, Geräte aus Elfenbein und Knochen, Schmuckgegenstände, wie Ketten aus Zähnen, Perlen aus fossilem Holz (Gagat), Schneckenhäuser als auch Kleinfiguren aus Geweih und Elfenbein, sind überliefert.

Während kopflose anthropomorphe Darstellungen des Typs „Gönnersdorf" vor allem am Nordrand des Verbreitungsgebietes des Magdalénien zu finden sind, beschränken sich ähnliche Figuren auf einige wenige Fundorte im südlichen Mitteleuropa (z. B. Monruz in Neuchâtel/ Schweiz und Petersfels bei Engen). Weitere Funde aus Gönnersdorf und anderen Fundstellen im Mittelrheintal sind auch im Landesmuseum Koblenz auf der Festung Ehrenbreitstein ausgestellt.

DD

Weitere Informationen unter:
https://monrepos.rgzm.de
www.tor-zum-welterbe.de

Literatur:

Bosinski, G. (2008): Urgeschichte am Rhein. – 534 S.; Tübingen.
Bosinski, G. (2007): Gönnersdorf und Andernach Martinsberg. Späteiszeitliche Siedlungsplätze. – Archäologie an Mittelrhein und Mosel, Bd. 19, 360 S.; Koblenz.
Gaudzinski-Windheuser, S., Holst, D., Jöris, O. & Kindler, L. (2015): MenschlICHes VERSTEHEN. Eine Einführung in die Archäologie der Menschwerdung. Der Begleittext zur Ausstellung. – 32 S.; Regensburg.
Gaudzinski-Windheuser, S. & Jöris, O. (Hg.) (2006): 600.000 Jahre Menschheitsgeschichte in der Mitte Europas. Begleitbuch zur Ausstellung im Museum für die Archäologie des Eiszeitalters, Schloss Monrepos, Neuwied. – 74 S.; Mainz.

Eifelvulkan und Klimatagebuch der letzten Eiszeit –

Das Trockenmaar von Auel bei Steffeln

15

Die Eifel ist Deutschlands bekanntestes Vulkangebiet. Beginnend vor etwa 700.000 Jahren und bis vor 11.000 Jahren haben vulkanische Aktivitäten die Landschaft geprägt. Seitdem ruht der Vulkanismus. Ein Aufleben in der Zukunft ist aber wahrscheinlich. Zu den vulkanischen Besonderheiten der Eifel gehören die Maare.

Diese entstehen, wenn Magma aus dem Erdmantel in oberflächennahen Bereichen der Erdkruste mit tiefem Grundwasser in Kontakt gerät. Dabei kommt es zu einer explosionsartigen Verdampfung des Wassers, wodurch rundliche und tiefe Krater in die Landschaft gesprengt werden. Das Auswurfmaterial wird wallartig am Kraterrand aufgetürmt. Der Krater selbst füllt sich mit Grundwasser und es entsteht ein Maarsee.

Typisch für diese tiefen Seen ist das Fehlen von Sauerstoff in den Bodenschichten, wodurch organische Materialien wie Algen, Pollen und Pflanzenreste erhalten bleiben. Diese dokumentieren die Vegetation und damit auch das Klima der Ablagerungszeit. In den Maaren können die Ablagerungen aus tonig-sandigen Sedimenten bestehen, die eine jährliche Schichtung aufweisen. Solche als Warven bezeichnete Feinschichtungen sind ein wichtiges und hochauflösend datier- und auswertbares Klimaarchiv.

Abb. 1 Blick über das Aueler Trockenmaar und die Ortschaft Auel.

Abb. 2
Verfüllungsschema des ehemaligen Maarsees von Auel im Zeitraum von 50.000 Jahren während der letzten Eiszeit.

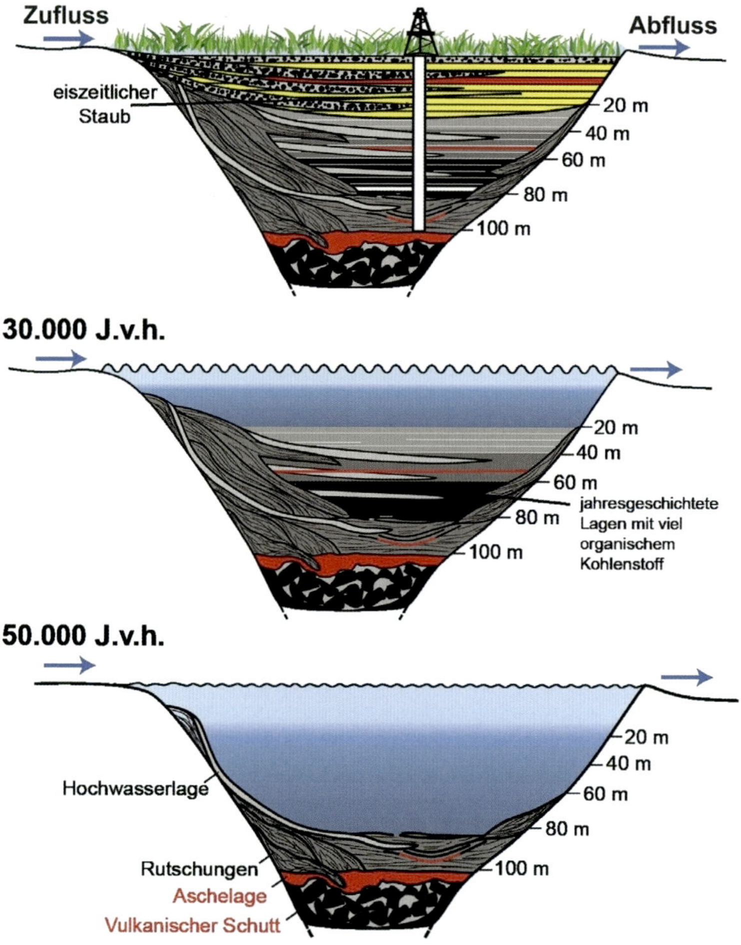

Über Bohrungen können die Maarseeablagerungen für die Forschung zugänglich gemacht werden. Die Jahresschichten in den Bohrkernen können mit verschiedensten Methoden analysiert werden und ermöglichen einen einzigartigen Einblick in das Klimageschehen in der Eifel zur letzten Eiszeit.

Von den über 70 bekannten Maaren der Eifel haben heute nur noch zwölf einen See. Dazu gehören die touristisch bekannten Maare wie das Meerfelder Maar, das Pulvermaar oder das Holzmaar. Bei den meisten Eifelmaaren wurden die ehemals vorhandenen Seen schon während der letzten Eiszeit vollständig mit Sedimenten gefüllt. Solche Maare werden

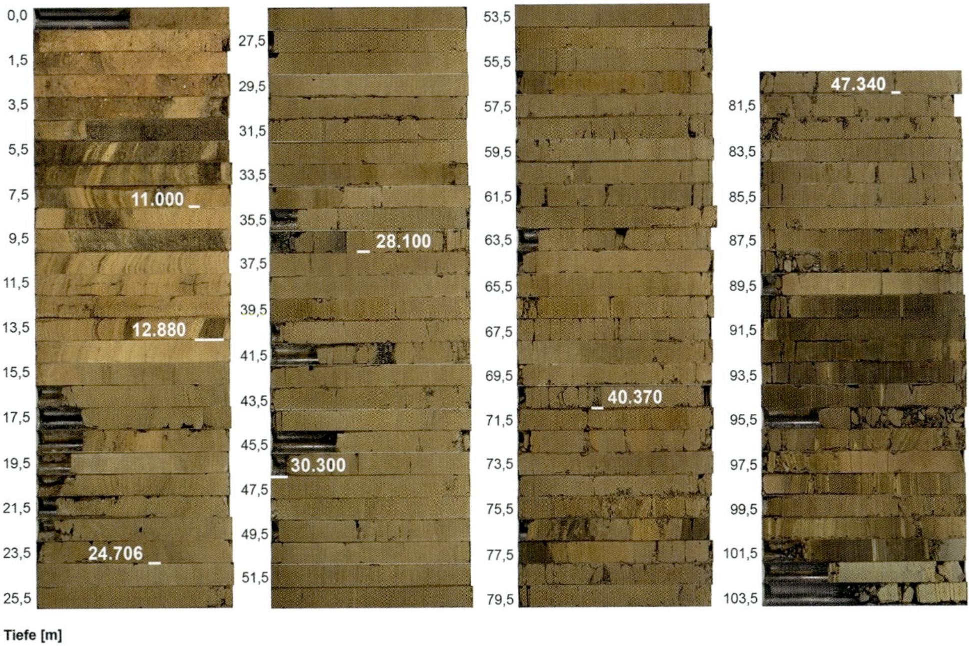

als Trockenmaare bezeichnet. Dazu zählen z. B. der Dreiser Weiher, das Dehner und das Aueler Maar.

Auel gehört zur Gemeinde Steffeln (Landkreis Vulkaneifel) und liegt an der B 52, die Teil der Deutschen Vulkanstraße ist. Das Trockenmaar befindet sich im Südosten der Ortschaft im Flurbereich „Im Ellgenborn". Es handelt sich um ein rundes, feuchtes Wiesengelände, das 500 m südlich vom Ort von einem Aschewall umgeben ist.

Im Rahmen eines großen Klimaforschungsprojektes (ELSA-Projekt) an Maarablagerungen unter der Leitung von Prof. Frank Sirocko von der Universität Mainz wurde hier 2018 ein 102 m langer Bohrkern gewonnen, dessen Ablagerungen den Zeitraum von 59.300 bis 12.000 Jahre vor heute umfasst. Der Aueler Maarsee war demnach vor ca. 60.000 Jahren entstanden und mit 2 mm Ablagerung pro Jahr bereits nach 50.000 Jahren verlandet.

Die ELSA-Forschungen am Bohrkern aus Auel und von anderen Maaren zeigen z. B., dass es vor 55.000 Jahren in der Eifel fast genauso warm war wie heute. Vor 40.000 Jahren war es kühler geworden, Birke und Fichte sind nun die vorherrschenden Bäume. Etwa 20.000 Jahre später, zur kältesten Phase der letzten Eiszeit, war die Landschaft annähernd vegetationslos und kalte Winde bliesen Staub in die Maarseen.

Abb. 3
Bohrkern AU4, eine mit 103,5 m (Meterwerte links an den Kernabschnitten) tiefreichende Schichtenfolge des Aueler Maarsees. Deutlich ist die sehr feinlagige Schichtung der Seeablagerung zu erkennen. Jede Lage enthält wichtige Klimainformationen, welche durch Fachwissenschaftler gelesen werden können, wie ein Tagebuch aus der letzten Eiszeit. Die Zahlenwerte in den Schichten sind Altersdatierungen für vulkanische Aschelagen.

Abb. 4
Blick über das Eichholzmaar. Dieses hat seit der Renaturierung in 2008 wieder einen Maarsee. Der ursprüngliche See war im 19. Jahrhundert trockengelegt worden.

Abb. 5
Im frei zugänglichen Vulkangarten von Steffeln führt ein Rundgang zu 15 Stationen mit vielfältigen Informationen zum Eifelvulkanismus.

Südlich von Steffeln, an der L 24 nach Duppach, befindet sich auf halber Strecke nahe einem Wanderparkplatz ein weiteres Maar, das Eichholzmaar. Dieses wurde 2008 renaturiert und hat wieder einen Maarsee. Der ursprüngliche See war im 19. Jahrhundert trockengelegt worden. Weitere Vulkanentdeckungen bietet der ausgeschilderte Vulkangarten Steffeln am nördlichen Ortsausgang an der L 24. Ein Rundgang führt zu 15 Infostationen und ermöglicht auch einen Blick in das Innere eines alten Vulkankraters.

WR

Weitere Informationen unter:
www.steffeln.de/vulkangarten
www.steffeln.de/eichholzmaar
www.klimaundsedimente.geowissenschaften.uni-mainz.de/projekt-eifel-elsa/

Literatur:
Blum, W. & Meyer, W. (2006): Deutsche Vulkanstraße. 280 erlebnisreiche Kilometer im Vulkanland Eifel. – 246 S.; Koblenz.
Sirocko, F. (Hrsg.) (2009): Wetter, Klima, Menschheitsentwicklung. Von der Eiszeit bis ins 21. Jahrhundert. – 208 S.; Darmstadt.
Sirocko, F. (2013): Geschichte des Klimas. – 176 S.; Darmstadt.

Ein spurenreicher Fels –

Der Kartstein bei Eiserfey

Der Kartstein ist ein 6 km südlich von Mechernich/Kr. Euskirchen zwischen Weyer und Eiserfey gelegenes, etwa 30 m hohes Kalksintermassiv, in dessen Basis sich zwei Höhlen befinden.

Kalksinter bzw. Travertin bildet sich in Quellgebieten, wenn aus kalkhaltigen Wässern beim Überfließen von Bodenvegetation, wie z.B. Moosen, Kalk ausgefällt wird.

Zeugnisse aus einer Warmzeit

Nach diesem Prinzip entstand während Warmzeiten vor rund 400.000 Jahren im Paläoquellgebiet des heute noch unterhalb des Kartstein hervorquellenden Veybaches der Kartstein-Travertin. Damals lagen die Quellaustritte im Oberflächenniveau des Felsens.

Quellareale waren und sind wichtige natürliche Trinkwasserstellen, an denen regelmäßig verschiedenste Tiergruppen zusammentreffen. Das war auch zur Bildungszeit des Kartstein so.

In Zusammenhang mit den besonderen Bildungsbedingungen von Travertin, wurde die Quellnahregion mit möglichen Spuren des alltäglichen Lebens langsam von Kalk umkrustet und konserviert. Das gilt für Skelettreste ebenso wie für Steinwerkzeuge des Menschen.

Abb. 1
Vom Parkplatz am Café Kakushöhle ist man nach wenigen Schritten am Rundweg um den Kartstein.

Abb. 2
An insgesamt sechs Stationen entlang des Rundweges erläutern Infotafeln die geologischen und archäologischen Besonderheiten am Kartstein.

Auch im Kartstein-Travertin fanden sich, wenn auch nur in sehr geringer Anzahl, Spuren, welche die Anwesenheit von Mensch und Tier im Quellgebiet belegen. 1977 wurden bei Ausgrabungen erst in Versturzblöcken, dann auch in den gewachsenen Travertinablagerungen an der Stirnseite des Massives 29 aus Quarzgeröllen hergestellte Artefakte aus der älteren Altsteinzeit sowie wenige Großsäugerreste, darunter Pferdezähne, entdeckt.

Zeugnisse aus der letzten Kaltzeit

Deutlich reicher, sowohl an faunistischen als auch an archäologischen Funden, waren die Höhlen an der Kartsteinbasis. Erste Ausgrabungen wurden hier 1911 und 1913 durchgeführt. Weitere Untersuchungen und Grabungen fanden 1921, 1939 sowie 1970 und 1977 statt. Die Haupthöhle oder große Höhle (Höhle I) besteht aus einem bis zu 30 m hohen und 15 m breiten Raum mit drei Ausgängen und einer Seitenkammer.

Aufgrund der Ausgrabungen ergab sich hier ein Profil mit sechs unterscheidbaren Schichteinheiten, davon zwei, nämlich Schicht D und E,

Abb. 3
Eingang zur großen Höhle. Die Beschriftung in der Felswand erinnert an die Ausgrabungen in den Jahren 1911 und 1913.

Abb. 4
Innenraum der großen Höhle. Bei archäologischen Ausgrabungen wurde hier auch eine vom Neandertaler genutzte Feuerstelle gefunden.

mit typischen Steinwerkzeugen aus dem Jung- und Mittelpaläolithikum. Der untere Teil der Schicht E markiert mit einer vom Neandertaler genutzten Feuerstelle die älteste Besiedlung in den Kartsteinhöhlen.

Die Großsäugerreste beider Schichten stammen von typischen Vertretern der letzten Kaltzeit. Im Einzelnen sind dies: Pfeifhase, Schneehase, Biber, Wolf, Eisfuchs, Luchs, Höhlenhyäne, Höhlenbär, Höhlenlöwe, Mammut, Wildpferd, Wollhaarnashorn, Steppenbison, Rothirsch, Rentier und Riesenhirsch. Ebenfalls gefunden wurden diverse Kleinsäuger-, Vogel-, Frosch- und Fischreste.

Die kleine Höhle (Höhle II), auch Kaltes Loch genannt, befindet sich 50 m nördlich der großen Höhle. Ausgrabungen in der Höhlenmitte zeigten vier Schichteinheiten, die von Mittelalter und Römerzeit in Horizont A über jungpaläolithische Funde in Horizont C bis ins Mittelpaläolithikum (Horizont D) reichten. Die Werkzeuge aus den Horizonten C und D waren, wie die Funde aus der Höhle I, aus Feuerstein und Quarz gefertigt. Die Fauna bestand hier aus Höhlenbär, Wollhaarnashorn, Rentier und Wildpferd.

Die jüngsten Spuren des eiszeitlichen Menschen wurden 1977 am Fuße der hohen Felsklippe im Nordosten des Massivs entdeckt. Es handelt sich um typische Zeugnisse der Ahrensburger Kultur, welche die Anwesenheit der letzten Rentierjäger Mitteleuropas vor etwa 12.000 Jahren belegen.

WR

Weitere Informationen unter:
www.mechernich.de/tourismus-freizeit/die-kakushoehle/

Literatur:

Baales, M. (2001): Kartstein bei Mechernich/Eifel. Ein naturkundlich-archäologischer Rundgang. – 31 S; Mainz.
Joachim, H.E., Koenigswald, W. v. & Meyer, W. (1998): Kartstein und Katzensteine bei Mechernich in der Eifel. – Rheinische Kunststätten, Heft 435, 30 S.; Neuss.

17 Ein ungleiches Paar und ein kranker Hund – Das Doppelgrab von Bonn-Oberkassel

Bonn

Oberkassel, heute ein Stadtteil von Bonn, befindet sich auf der rechten Rheinseite. Der Ort liegt zwischen dem Rheinlauf und dem Rand des Siebengebirges. Das Siebengebirge wird aus unterschiedlichen vulkanischen Gesteinen aufgebaut. Bei Oberkassel sind es vor allem Basalte, welche als steile Felskulissen den Ort nach Westen begrenzen. Als geschätzter Baustein und wegen der transportgünstigen Nähe zum Rhein wurde Basalt hier über lange Zeit hinweg in Steinbrüchen abgebaut.

Rötlich gefärbte Knochen

Im Februar 1914 stießen Arbeiter unter Basaltblöcken im Steinbruch „Am Stingenberg“ an der Rabenlay auf die Knochen von zwei Menschen und verschiedene Grabbeigaben. Auffällig war die teils rötliche Färbung

Abb. 1 Blick auf die Basaltwand der Rabenlay am Kuckstein in Bonn-Oberkassel. Am Fuße der Felswand wurde 1914 das Doppelgrab entdeckt.

der Knochen und des umgebenden Erdreiches durch Rötel. Der Fund wurde geborgen und der Universität Bonn gemeldet. Die Begutachtung der Wissenschaftler ergab, dass es sich um die Skelettreste einer Frau und eines Mannes handelt. Ein unter den Grabbeigaben befindlicher Knochenstab mit Tierköpfchen, der ursprünglich als Haarpfeil gedeutet wurde, war schon früh ein wichtiger Hinweis dafür, dass es sich um ein späteiszeitliches Doppelgrab handelte. Moderne ^{14}C-Daten ergaben ein Alter von etwa 14.000 Jahren.

Abb. 2
Fundstelle des Doppelgrabes mit einer vom Heimatverein Bonn-Oberkassel e. V. aufgestellten Infotafel.

Anthropologische Analysen haben ergeben, dass die Frau etwa 163 cm groß und 25 Jahre alt war. Der Mann hatte eine Größe von 168 cm und war mit 40 bis 45 Jahren deutlich älter.

Unter den Grabbeigaben fanden sich nicht nur verschiedene archäologische Zeugnisse wie der schon erwähnte Knochenstab oder eine fragmentierte Tierfigur, welche nach neueren Erkenntnissen einen Elch darstellt, sondern auch Skelettreste von Tieren. Diese erfuhren anfänglich wenig Beachtung und bei frühen Aufzählungen wurden z. B. Braunbär, Wolf, Rothirsch und große Wildrinder genannt. In den 1980er Jahren stellte sich bei einer Neubearbeitung heraus, dass ein dem Wolf zugeschriebener Unterkieferteil mehrere Merkmale für eine Domestikation aufwies. Der Hund von Oberkassel ist nach wie vor einer der ältesten Nachweise für den Haushund weltweit.

Neuste Forschungen und eine neue Aussicht

Zum 100. Fundjubiläum des Doppelgrabes wurde über Wissenschaftler des LVR-LandesMuseums Bonn, dort sind die Originalfunde ausgestellt, ein interdisziplinäres Forschungsprojekt unter internationaler Beteiligung initiiert. Dieses erbrachte nicht nur zahlreiche neue Erkenntnisse zu den Menschenskeletten, z. B. dass die Frau und der Mann keine Geschwister waren und sich überwiegend von Fleisch, Fisch und Muscheln ernährten, sondern auch zum Hund. Dabei kam heraus, dass es sich um einen sieben Monate alten Welpen handelt, der sich mit knapp 19 Wochen mit dem Staupe-Virus infizierte. Dass der junge Hund noch einige Zeit mit der Krankheit und ihren schweren Symptomen, wie z. B. Fieber, Durchfall und Erbrechen überlebte, wird damit begründet, dass sich jemand um ihn gekümmert hat. Während die Todesursache für den Hund bekannt ist, bleiben die Umstände für das Ableben der beiden Menschen, auch nach den neuesten Forschungen, ungeklärt.

Abb. 3
Präsentation der Skelette aus dem Doppelgrab von Bonn-Oberkassel im LVR-LandesMuseum Bonn.

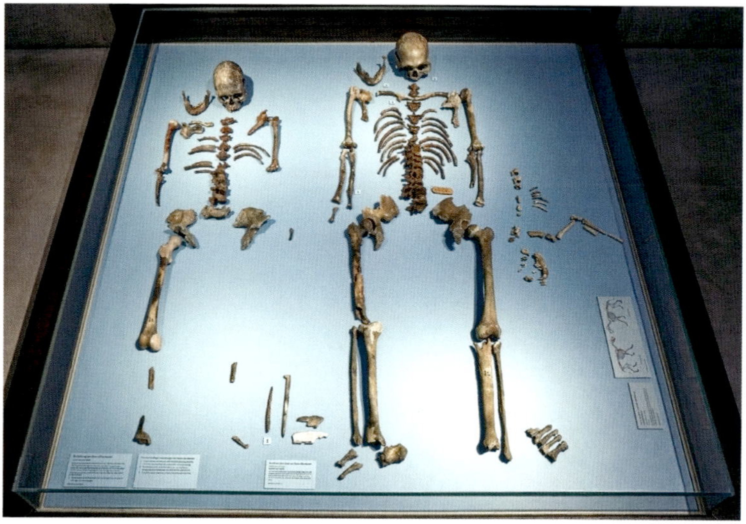

Neben einer Besichtigung der Funde im Museum in Bonn empfiehlt sich ein Besuch der mit einer Infotafel versehenen Fundstelle am Stingenberg in Oberkassel, welche über den Franz-Kissel-Weg erreichbar ist. Über den nahe der Fundstelle verlaufenden Nücker-Felsenweg ist darüber hinaus eine Rundwanderung über die Felskante Rabenlay möglich. Seit wenigen Jahren befindet sich auf diesem Teil des Rheinhöhenweges eine Aussichtsplattform. Neben einem fantastischen Rheinblick informieren 16 Tafeln am Geländer über Geologie, Naturschutz, den Fund am Fuß des Felsens, sowie über die Kulturlandschaft.

WR

Abb. 4
Forensische Büstenrekonstruktion für die Frau und den Mann aus dem Doppelgrab von Bonn-Oberkassel im LVR-LandesMuseum Bonn.

Abb. 5
Skelettreste des Hundes von Bonn-Oberkassel, einem der ältesten Nachweise für den Haushund.

Abb. 6
Aussichtsplattform mit Infotafeln am Rheinhöhenweg, an der Kante der Rabenlay oberhalb von Bonn-Oberkassel.

Weitere Informationen unter:
www.landesmuseum-bonn.lvr.de

Literatur:

LVR-LandesMuseum Bonn (Hrsg.) (2014): Eiszeitjäger. Leben im Paradies. Europa vor 15.000 Jahren. – 348 S.; Mainz.

18 Geburtsort eines eiszeitlichen Weltstars – Das Neandertal bei Mettmann

Neandertal

Das Neandertal bei Mettmann ist ein Abschnitt des Düsseltales und liegt etwa 12 km östlich von Düsseldorf. Die Düssel hatte sich hier auf etwa 800 m canyonartig in devonische Kalksteine eingeschnitten. In den Talflanken gab es mehrere Höhlen. Seinen heutigen Namen erhielt es im 17. Jahrhundert zu Ehren von Joachim Neander (1650–1680). Der Rektor einer Lateinschule in Düsseldorf besuchte das Tal, um dort Lieder zu schreiben und zu predigen.

Ein zufälliger Fund

1854 begann man im Neandertal mit dem Kalksteinabbau. Im August 1856 sollte auch die „Kleine Feldhofer Grotte" abgebrochen werden. Im Zuge dessen räumten Arbeiter den Lehm aus der Höhle und warfen diesen 20 m tief in den Talgrund. Zufällig bemerkte der Steinbruchbesitzer Knochen darin. Er glaubte, es seien Reste eines Höhlenbären. Insgesamt wurden eine Schädeldecke, ein Schlüsselbein, ein Schulterblattfragment, zwei Oberarmknochen, drei Unterarmknochen, ein Beckenfragment, zwei Oberschenkel und fünf Rippenfragmente geborgen. Zur Begutachtung der Funde wurde Ende August der Wuppertaler Lehrer und Naturkenner Johann Carl Fuhlrott (1803–1877) gerufen. Dieser

Abb. 1 Unweit der weltberühmten Fundstelle präsentiert das Neanderthal Museum in einem modernen Gebäude seit 25 Jahren facettenreich das Thema Menschheitsgeschichte.

Abb. 2
Der Neandertaler ist als „Mr. N" einer der Hauptdarsteller in der Museumpräsentation.

Abb. 3
Modernste Rekonstruktionen machen im Neanderthal Museum eine besonders lebensechte Begegnung mit unseren Vorfahren möglich.

erkannte, dass es sich um die Reste eines Menschen handelte, dessen Schädeldecke sich jedoch deutlich von der des heutigen Menschen unterschied. Auch glaubte Fuhlrott, dass es sich um eine urtümliche Menschenform aus der Eiszeitepoche handelt. Er postulierte damit noch vor Darwin eine stammesgeschichtliche Entwicklung des Menschen. Auch deshalb ist es nicht verwunderlich, daß Fuhlrott eine allgemeine Anerkennung seiner Deutung des Fundes versagt blieb.

Der berühmte Anatom Rudolf Virchow (1821–1902) aus Berlin erklärte, die Skelettreste würden von einem modernen Menschen stammen, der in der Jugend Schläge auf den Kopf bekommen hätte und der im Alter stark an Rachitis erkrankt wäre. Erst mit den Funden 1886 aus der Höhle von Spy in Belgien wurde Fuhlrotts Deutung bestätigt. Der Fund aus dem Neandertal war nicht nur namengebend für Neandertaler, er war auch der erste erkannte Urmenschenfund weltweit. Seit 1877 befindet er sich im LVR-LandesMuseum Bonn. Heute weiß man, dass die Knochen von einem etwa 160 cm großen, 40 bis 50 Jahre alten Mann stammen, der vor etwa 42.000 Jahren lebte und zu Lebzeiten verschiedene Verletzungen erlitten hatte, darunter eine Schädelverletzung und den Bruch des linken Unterarms.

Abb. 4
Im Neandertal gibt es viel zu entdecken. Die Fundstelle, ein Wildgehege, ein Kunstweg und ein Spielplatz laden zum Verweilen ein.

Eine Fortsetzung der Geschichte

Von der Landschaft des historischen Neandertals ist nicht mehr viel übrig. Bis zum Ende des 19. Jahrhundert waren alle historischen Höhlen dem Kalkabbau zum Opfer gefallen.

Ende der 1990er Jahre konnte die Lage der ehemaligen Felssteinwand mit der „Kleinen Feldhofer Grotte" im heutigen Gelände rekonstruiert

Abb. 5
An der hergerichteten Fundstelle von 1856 erinnert heute nichts mehr an eine ehemals vorhandene steile Steinbruchwand mit Höhlenzugang. In Zukunft soll hier ein Turm entstehen und als besondere Installation auf die Höhenlage der ehemaligen Fundhöhle führen.

werden. Bei Ausgrabungen im Sprengschutt in 1997 und 2000 stieß man auf Höhlenlehm mit Knochen von eiszeitlichen Tieren, altsteinzeitlichen Steinwerkzeugen und menschlichen Skelettresten. Darunter war auch ein 2 cm großes Knochenstück, das sich an den linken Oberschenkelknochen von 1856 anpassen ließ. Die Ausgrabungen erbrachten aber auch den Nachweis von zwei weiteren Neandertalern, einem Erwachsenen und einem Kind.

Abb. 6
Vom Museum aus kann man über einen Rundweg das eiszeitliche Wildgehege erkunden. Neben Wildpferden und Wisenten sind dort Nachzüchtungen von Auerochsen zu sehen.

Es gibt viel zu sehen

Nach den Ausgrabungen wurde der Fundplatz zu einem öffentlich zugänglichen archäologischen Garten gestaltet. Es empfiehlt sich, die Fundstelle in Kombination mit dem Neanderthal Museum zu besuchen. Hier gibt es moderne und ansprechende Präsentationen zur Fundgeschichte und zu vielen Aspekten der Evolution des Menschen. Zu empfehlen ist auch eine Wanderung durch das „Eiszeitliche Wildgehege“. Start ist am Parkplatz gegenüber vom Museum.

WR

Weitere Informationen unter:
www.wildgehege-neandertal.de
www.neanderthal.de

Literatur:
Condemi, S. & Savatier, F. (2020): Der Neandertaler, unser Bruder. 300.000 Jahre Geschichte des Menschen. – 240 S.; München.
Schmitz, R.W. & Thissen, J. (2002): Neandertal. Die Geschichte geht weiter. – 346 S.; Heidelberg.

19 An der südlichsten Grenze des skandinavischen Eisschildes – Der Niederrheinische Hügelzug und die „Sonsbecker Schweiz“

Sonsbeck

Wenn in einer durch weite Ebenen geprägten Region vereinzelt Erhebungen wie Hügel oder Höhenzüge auftreten, dann erfahren diese nicht selten eine besondere Beachtung. Eine solche schlägt sich häufig auch in der lokalen Landschaftsbenennung nieder. In der niederrheinischen Tiefebene wird das Gebiet um Sonsbeck daher auch „Sonsbecker Schweiz“ genannt.

Mit Erhebungen, die eine „Gipfelhöhe“ von rund 90 m ü. NHN erreichen, gibt es hier zwar keine Gebirge wie in der Schweiz, aber in der sonst flachen niederrheinischen Ebene dennoch ein unerwartetes und auffälliges Geländerelief.

Abb. 1 Topografische Karte mit den Hauptabschnitten des Niederrheinischen Hügelzuges zwischen Nijmegen und Krefeld. Es handelt sich um verschiedene Stauchendmoränen aus der Saale-Kaltzeit.

Abb. 2
Blick auf den Dürsberg bei Sonsbeck in der „Sonsbecker Schweiz“. Bei der Erhebung handelt es sich um eine 86 m ü. NHN aufragende Stauchendmoräne aus der Saale-Kaltzeit.

Unter Eisdruck

Die Hügellandschaft der „Sonsbecker Schweiz“ ist Teil des sog. Niederrheinischen Hügelzuges, der sich mit mehreren Unterbrechungen von Nijmegen (NL) im Westen bis nach Krefeld im Osten erstreckt. Mit 106,8 m ü. NHN ist der Klever Berg seine höchste Erhebung.

Der bogenförmige Hügelzug entstand während eines Eisvorstoßes (Drenthe-Stadium) im vorletzten Kaltzeitenkomplex, dem sog. Saale-Komplex. Vor etwa 180.000 Jahren erreichte der Eisrand der von Skandinavien nach Süden vorstoßenden Inlandeisgletscher hier seine maximale und südwestlichste Ausdehnung. Dabei schob sich das noch etwa 50 bis 150 m mächtige Eis in eine von zahlreichen Stromrinnen des Rheins durchflossene Sand- und Kiesebene. Durch den Auflastdruck des vorrückenden Eises wurden die im Untergrund liegenden Kies-, Sand- und Tonschichten zusammengepresst und nach vorne geschoben und vor der Gletscherstirn aufgetürmt. Man bezeichnet solch eine wallartige Zusammenpressung und Aufschüttung von Gesteins- und Sedimentmaterial vor Gletschern als Stauchendmoräne.

Die „Sonsbecker Schweiz“ ist ein Abschnitt des Niederrheinischen Höhenzuges und bildet einen Teil des sog. Xantener Lobus oder Xantener Stauchwallbogens.

Abb. 3
Aussicht vom Endmoränenhöhenzug der „Sonsbecker Schweiz" in Richtung Xanten. Dort, wo sich heute die Stadt mit dem Dom befindet, lag zur Saale-Kaltzeit eine Gletscherzunge.

Dieser Bogen beginnt im Osten bei Xanten mit einer bis zu 76 m ü. NHN hohen Erhebung, Hees genannt, und dem Fürstenberg (75 m ü. NHN). Danach folgt im Süden die „Sonsbecker Schweiz", die eine Höhe von 87 m ü. NHN erreicht. Den nordwestlichen Bogenabschluss bildet der bewaldete Balberger Höhenrücken (87 m ü. NHN), der sich von Sonsbeck nach Norden Richtung Uedem bis zur Ortschaft Marienbaum zieht. Der Xantener Lobus markiert die ehemalige Lage einer bogenförmigen Inlandeiszunge.

Abb. 4
Erste Tafelstation des in Sonsbeck beginnenden geologischen Wanderweges zum Dürsbergturm.

Abb. 5
Diese Gruppe aus drei skandinavischen Findlingen bildet eine Station des steinreichen Findlingsweges von Sonsbeck.

Vielfältige Erdgeschichten

Die markanteste Erhebung der „Sonsbecker Schweiz" ist der rund 87 m ü. NHN hohe Dürsberg. Der dort befindliche hölzerne Aussichtsturm wurde jüngst neu errichtet und bietet aus 26 m Höhe beste Voraussetzungen für einen guten landschaftlichen Rundumblick auf die Erhebungen des Niederrheinischen Höhenzuges. Turm und Dürsberg sind Endpunkt des geologischen Wanderweges von Sonsbeck. Dieser startet an der Abzweigung Bögelscher Weg vom Dassendaler Weg auf Höhe des katholischen Friedhofes in Sonsbeck (Bögelscher Weg 1 in 47665 Sonsbeck). Entlang einer Wanderstrecke von 1,5 km bieten sechs Stationen mit gut verständlichen Schautafeln, Findlingen und Bodenprofilen einen facettenreichen Einblick in die tiefreichende Erdgeschichte in und um Sonsbeck. An der zweiten Station des Geopfades zweigt ein Findlingsweg ab, der über 13 Stationen elf verschiedene Gesteinstypen präsentiert. Es ist möglich, beide Wege als 4 km langen Rundweg zu erkunden.

WR

Weitere Informationen unter:
www.geopark.ruhr/standorte/geopfade/geologischer-wanderweg-sonsbeck/
Über den Verein für Denkmalpflege Sonsbeck e.V. können Interessierte ca. zweistündige geologische Führungen buchen (www.geowanderweg-sonsbeck.de).

Literatur:

Bähr, J. & Golte, W. (1974): Der Niederrheinische Höhenzug von Xanten bis Kleve. – Rheinische Landschaften, Heft 4, 23 S.; Neuss.
Hilden, H.D. (Red.) (1988): Geologie am Niederrhein. – Geologisches Landesamt Nordrhein-Westfalen, 142 S.; Krefeld.
Skupin, K. & Zandstra, J.G. (2010): Gletscher der Saale-Kaltzeit am Niederrhein. – Geologisches Landesamt Nordrhein-Westfalen, 125 S.; Krefeld.

20 Knochenkammer und Klimaarchiv der Eiszeit – Die Dechenhöhle und das Deutsche Höhlenmuseum in Iserlohn-Letmathe

Iserlohn

Die Dechenhöhle bei Iserlohn-Letmathe wurde 1868 durch Eisenbahnarbeiter bei Felssicherungsmaßnahmen entdeckt und nach dem Bonner Geologen und Oberberghauptmann Heinrich von Dechen (1800–1889) benannt. Die erste Beschreibung der Höhle verfasste 1869 Johann Carl Fuhlrott (1803–1877), der Entdecker des Urmenschen aus dem Neandertal. Bereits kurz nach der Auffindung wurde der vordere Höhlenbereich als Schauhöhle ausgebaut. 1910 wurden weitere Teile entdeckt und ab 1921 ebenfalls der Öffentlichkeit zugänglich gemacht. Bekannt ist die Höhle vor allem wegen ihres sehr schönen und vielfältigen Tropfsteinschmucks. Das Gangsystem hat eine Länge von 870 m, wovon 400 m als Führungsweg für Besucher ausgebaut sind.

Abb. 1 Das Haus Dechenhöhle ist Eingangsgebäude zur Schauhöhle und beherbergt in seinen Räumen das Deutsche Höhlenmuseum.

Abb. 2
Der in Jahrtausenden entstandene Tropfsteinschmuck in der Dechenhöhle ist nicht nur schön anzusehen, sondern auch ein wichtiges eiszeitliches Klimaarchiv.

Knöcherne Zeugen

Die Betriebsleitung der Dechenhöhle ist bestrebt, die wissenschaftliche Höhlenforschung zu fördern und über das rein touristische Angebot hinaus auch im Sinne des Höhlenschutzgedankens auf die Besucher mit Veranstaltungen und Führungen einzuwirken. Einen wichtigen Beitrag dazu, aber auch zur anschaulichen Darstellung der Bedeutung von Höhlen als ein einzigartiges Urzeit- und Eiszeitarchiv leistet das 2006

Abb. 3
Bereich einer wissenschaftlichen Grabung in den Bodensedimenten der Dechenhöhle. Hier wurde 2000 ein fast vollständiges Skelett eines Höhlenbärenbabys entdeckt.

Abb. 4
Skelett eines Höhlenbärenbabys aus der Dechenhöhle. Sein Alter wird aufgrund von Datierungen der Fundschichten mit 200.000 bis 300.000 Jahren angegeben.

eröffnete Deutsche Höhlenmuseum. Mit 600 m^2 Fläche ist es das größte Museum seiner Art in Deutschland.

Besondere Blickfänge sind hier sicherlich die lebensgroßen Rekonstruktionen von Dinosauriern aus der Kreidezeit, auch nachgewiesen über Höhlenfunde aus dem Sauerland, sowie die eines Höhlenlöwen und eines Höhlenbären mit Jungtier. Die beiden eiszeitlichen Vertreter sind über zahlreiche Knochenfunde aus der Dechenhöhle belegt. Hinsichtlich des Höhlenbären gibt es einen ganz besonderen Fund. Bei einer wissenschaftlichen Grabung in den Bodensedimenten der Dechenhöhle wurde 2000 ein fast vollständiges Skelett eines Höhlenbärenbabys entdeckt. Sein Alter wird aufgrund von Datierungen der Fundschichten mit 200.000 bis 300.000 Jahren angegeben.

Eine weitere paläontologische Rarität im „Eiszeitsaal" des Museums stellt der 1993 in einem Seitengang der Dechenhöhle entdeckte Oberschädel eines warmzeitlichen Nashorns (*Stephanorhinus kirchbergensis*) dar.

In der direkten Umgebung der Dechenhöhle gibt es zahlreiche weitere, jedoch nur für Höhlenforscher zugängliche Höhlen. Auch dort wurden interessante eiszeitliche Funde gemacht, die im Museum ausgestellt sind. Dazu gehört auch das Teilskelett einer Rentierkuh aus der Bunkerhöhle. Schnittspuren an den 45.000 Jahre alten Knochen zeigen, dass hier Neandertaler Teile des Tieres genutzt haben.

Steinerne Schätze und Klimaarchive

Abb. 5
Blick in den Ausstellungsbereich des Deutschen Höhlenmuseums mit Tierrekonstruktionen und eiszeitlichen Knochenfunden.

Neben diesen knöchernen Eiszeitzeugen werden im Museum auch aufgeschnittene Tropfsteine aus den Höhlen der Umgebung und deren moderne wissenschaftliche Erforschung im Zusammenhang mit der Klimarekonstruktion vergangener Kalt- und Warmzeiten präsentiert. Das Wachstum von Tropfsteinen steht zur jeweiligen Bildungszeit in direktem Zusammenhang mit den Klima- und Umweltverhältnissen über der Höhle, sodass in der chemischen Zusammensetzung der einzelnen Tropfsteinlagen Informationen über Temperatur, Feuchtigkeit und auch Bodenbeschaffenheit der Landschaft über der Höhle gespeichert sind. Über chemisch-physikalische Datierungsmethoden kann das Alter der untersuchten Horizonte bestimmt werden, wodurch eine zeitliche Zuordnung zu einer bestimmten Klimaphase möglich ist. Dies alles macht den wegen seiner Formenvielfalt faszinierenden Tropfsteinschmuck in Höhlen zu äußerst wertvollen Klimaarchiven.

WR

Weitere Informationen unter:
www.dechenhoehle.de

Literatur:
Hammerschmidt, E., Niggemann, S., Grebe, W., Oelze, R., Brix, M. R. & Richter, D. K. (1995): Höhlen in Iserlohn. – Schriften zur Karst- und Höhlenkunde in Westfalen, Bd. 1, 154 S.; Iserlohn.

Niggemann, S. (Hrsg.) (2018): Dechenhöhle - Erdgeschichten. – 304 S.; Iserlohn.

21 Eine Quelle der Neandertaler – Der Travertin von Weimar-Ehringsdorf

Weimar

1922 erfolgte die Eingemeindung von Ehringsdorf nach Weimar. Zu dieser Zeit wurde der Abbau von Travertin als Baumaterial in den dortigen Steinbrüchen schon seit über 50 Jahren betrieben. Travertin ist ein unterschiedlich gefärbter, heller Kalkstein, der durch chemische Kalkausfällung an Süßwasserquellen entsteht. Das Gestein ist zumeist porös und weist nicht selten Reste von Pflanzen auf, die bei der Kalkausfällung umkrustet wurden. Ein solcher Versteinerungsprozess betrifft grundsätzlich alles, was vom Wasser überflossen wird, auch Reste und Hinterlassenschaften von Tier und Mensch.

Über die Uran-Thorium-Datierungen ist bekannt, dass der Travertin von Ehringsdorf während einer Warmzeit vor etwa 220.000 Jahren entstand. Zu dieser Zeit traten entlang einer Störung im Ilmtalgraben, einer geologischen Senkungsstruktur, kalkhaltige Quellwässer zutage, die einer sich absenkenden Geländemulde zuflossen. Nach und nach fiel dabei Kalk aus und führte zur Bildung von bis zu 20 m mächtigen Travertinablagerungen.

Spuren des Menschen

Auch im Travertin von Ehringsdorf wurden seit Beginn der Steinbrucharbeiten immer wieder versteinerte Pflanzen- und Knochenreste gefun-

Abb. 1
Blick in einen Travertinsteinbruch in Weimar-Ehringsdorf.

den. Besondere Aufmerksamkeit erfuhr die Fundstelle ab 1907, als man auf eine ungestörte altsteinzeitliche Fundschicht stieß. Zwischen 1908 und 1925 kamen in den Steinbrüchen Fischer und Kämpfe als bedeutendste Funde die Skelettreste von insgesamt sieben Neandertalerindividuen zutage. Sie wurden jeweils nach Sprengungen im sog. Unteren Travertin entdeckt. Im Einzelnen handelt es sich um vier Scheitelbeinfragmente aus den Jahren 1909 bis 1913, einem Unterkieferrest vom Mai 1914, Skelettreste eines Kindes, bestehend aus zwei Unterkieferfragmenten, einem Armknochenstück sowie einem Brustkorbtorso, gefunden im November 1916 und um eine fragmentierte Schädelkalotte. Letztere wurde im September 1925 nahe der Fundstelle des Unterkieferrests von 1914 entdeckt und stammt von einer etwa 20- bis 30-jährigen Frau.

Abb. 2
Ein Teil des Travertinsteinbruches, darunter auch die sog. Fischerwand, wurde 1998 als Forschungspfeiler unter Naturschutz gestellt.

Neben den Menschenresten wurden im Travertin auch zahlreiche Steinwerkzeuge der mittleren Altsteinzeit, Holzkohle und Aschereste von ehemaligen Feuerstellen sowie unzählige Tierknochen und Pflanzen-

Abb. 3
Infotafel im 2009 eingerichteten Archäologischen Freigelände im Travertinsteinbruch von Weimar-Ehringsdorf.

Abb. 4
Rekonstruktion der Neandertalerin von Weimar-Ehringsdorf im Museum für die Ur- und Frühgeschichte Thüringens in Weimar.

reste entdeckt. Zusammengenommen ermöglichen die Funde recht gut eine Rekonstruktion der damaligen Lebensbedingungen.

Zur Bildungszeit der Travertine stellten die Quellen im Ilmtal eine lebenswichtige Wasserstelle dar. Zahlreiche Tierarten wie z. B. Wollhaarnashorn, Waldelefant, Bison, Löwe oder Hyäne nutzten diese als Tränke und kamen immer wieder dorthin. Die Neandertaler fanden hier somit nicht nur frisches Wasser, sondern auch ausreichend Jagdbeute. Erlegte Tiere wurden am Jagdplatz zerteilt und die Beute dann in trockenere Bereiche gebracht, wo die Menschen sich aufhielten, Werkzeuge herstellten und auch Feuer entzündeten.

Freigelände und Museum

Der wissenschaftlich bedeutende Bereich der Steinbrüche von Ehringsdorf wurde 2009 als Freigelände für die interessierte Öffentlichkeit zugänglich gemacht. Mehrere Tafeln informieren z. B. über die Travertinentstehung und die archäologischen und paläontologischen Funde. Das Freigelände sowie ein für zukünftige Forschungen geschützter Steinbruchbereich, Forschungspfeiler genannt, gehören zum Museum für Ur- und Frühgeschichte Thüringens in Weimar. In seiner Dauerausstellung bietet das Museum über zahlreiche Originalfunde und Rekon-

struktionen einen umfassenden Einblick in die international bedeutende Travertinfundstelle von Ehringsdorf.

Das archäologische Freigelände kann auch über eine etwa einstündige Wanderung durch den Ilmtalpark vom Museum aus erreicht werden.

Abb. 5
Travertinstück aus Weimar-Ehringsdorf mit versteinerten Blättern der Gemeinen Esche.

WR

Weitere Informationen unter:
www.alt-thueringen.de/museum/archaeologisches-freigelaende-weimar-ehringsdorf/

Literatur:

Steiner, W. (1981): Der Travertin von Ehringsdorf und seine Fossilien. – Neue Brehm Bücherei, Bd. 522, 200 S.; Wittenberg.

Vlček, E. (1993): Fossile Menschenfunde von Weimar-Ehringsdorf. – Weimarer Monographien zur Ur- und Frühgeschichte, Bd. 30, 222 S.; Stuttgart.

22 Heimat eines der ältesten Mitteleuropäer – Die Steinrinne von Bilzingsleben

Bilzingsleben

Am Nordrand des Thüringer Beckens, einer muldenartigen geologischen Struktur im Untergrund, liegen die Gesteinsschichten schräg im Untergrund und bilden daher an den Muldenrändern Gebirge wie den Kyffhäuser und Hügelzüge wie die Hainleite. Im Bereich Bilzingsleben (Landkreis Sömmerda) bilden die Gesteine der Trias den tieferen Untergrund. Obenauf liegen die weichen Ablagerungen des Keupers, in die sich der Fluss Wipper und der Wirbelbach im Lauf der Zeit mit ihren Klimaänderungen Schritt für Schritt eingeschnitten haben. Dabei entstand eine Abfolge von Geländestufen – ganz oben die älteste Terrasse, ganz unten die heutige Talaue als jüngste.

Zeugen einer klimatischen Achterbahn

Nördlich von Bilzingsleben liegen die obersten und damit ältesten Abtragungsterrassen bis zu 60 m über dem heutigen Talgrund der Wipper. Auf ihnen findet man über feingeschichteten Gletscherseeablagerungen die Grundmoräne der Elster-Kaltzeit (ca. 450.000–320.000 Jahre vor heute). Nach der Elster-Kaltzeit schnitt sich die Wipper während jeder Klimaerwärmung einige Meter tiefer in den Untergrund ein und lagerte Kiese (Zeichen einer Warmzeit) ab. Bei den Terrassen südlich von

Abb. 1
Die 2009 eröffnete Ausstellungshalle über dem „Pflaster" von Bilzingsleben. Im Vordergrund die Rekonstruktion der hüttenartigen Strukturen von Bilzingsleben basierend auf den Befunden vor Ort und ethnographischen Vergleichen.

Abb. 2
Das zum Individuum 1 des Bilzingslebener *Homo erectus* gehörige Stirnbein besitzt einen markanten, kräftig entwickelten und über der Nase nicht unterbrochenen Überaugenwulst. Dieser Fund trägt die Bezeichnung *Bilzingsleben B1*.

Bilzingsleben kam auch Quellkalk bzw. Travertin als Ablagerung einer Warmzeit dazu. Tiefer im Untergrund liegt nämlich der Muschelkalk, der durch an geologischen Brüchen aufsteigende Wässer gelöst und an der Oberfläche als Travertin wieder abgeschieden wird. In den Travertinen blieben durch das schnelle Ausfällen des Kalks auch sehr filigrane Pflanzen- und Tierreste erhalten. Eine solche aufsteigende Quelle ist heute das Gründelsloch bei Kindelsbrück nahe Bilzingsleben.

Während der einer Warmzeit nachfolgenden Kaltzeit lagerte sich Löss an den Terrassenhängen über den Kiesen und dem Travertin ab, solange bis wieder eine Warmzeit eintrat. Die Wipper schnitt sich dann erneut in den Talboden ein und ließ die nächst jüngere Terrasse entstehen. Insgesamt sind hier nach der Elster-Kaltzeit sechs solcher Klimawechsel durch Terrassen dokumentiert.

Urmenschenfunde dank Steinbruchbetrieb

Der Travertin-Abbau setzte im ausgehenden Mittelalter ein. Fossilien wurden aber erst 1710 schriftlich erwähnt. Menschenreste wurden erstmals 1818 bekannt. Bis heute wurden im Bereich des ehemaligen Steinbruchbetriebs „Steinrinne" aus der (von oben gezählt) zweiten Travertinterrasse 28 Schädelreste, ein rechter Unterkieferast und neun einzelne Zähne des Menschen geborgen. Diese wurden als *Homo erectus bilzingslebenensis* beschrieben und haben ein Alter von etwa 370.000 Jahre. Dazu kommen über 140.000 Feuersteinwerkzeuge und weitere Werkzeuge aus Holz, Knochen und Stein, die über weite Bereiche des Fundareals der zweiten Terrasse verstreut lagen. An Tierresten sind neben den Wirbellosen (weit über hundert Arten) auch 54 Wirbeltierarten nachgewiesen, die dem Menschen wohl als Nahrungsquelle dienten. Nashorn, Biber, Hirsch und Elefant waren offenbar eine besonders beliebte Beute. Es scheinen regelrechte Schlachtplätze überliefert zu sein.

Abb. 3
Ein Ausschnitt des in der Museumshalle im Original präsentierten „Pflasters“ von Bilzingsleben. In der Bildmitte erkennt man einen Unterkieferbackenzahn des Eurasischen Altelefanten (Europäischer Waldelefant) *Palaeoloxodon antiquus*.

Bedeutender Fundort und Vorzeitfenster

Im Bilzingslebener Travertin der zweiten Terrasse blieben sogar die Siedlungsspuren des frühen Menschen erhalten. Neben Grundrissen einfacher Wohnbauten fand man auch Bereiche mit Feuereinwirkung, Werkstattbereiche und einen nicht für den Alltagsgebrauch genutzten gepflasterten Bereich mit einem auffällig positionierten einzelnen Amboss. Bilzingsleben ist eine der wichtigsten Fundorte des frühen Menschen in Europa. Ihre moderne Entdeckung und Erforschung ist den

Abb. 4
Diese Feuersteinwerkzeuge des Fundplatzes Bilzingsleben, hier aus der Grabung 2014, sind typischerweise kleinformatige, schaberartige Geräte. Man spricht von mikrolithischem Paläolithikum.

langjährigen Ausgrabungen unter der Leitung von Dietrich Mania zu verdanken.

In der Ausstellungshalle Bilzingsleben – direkt an der 1,2 km südsüdwestlich von Bilzingsleben auf freiem Feld liegenden Fundstelle „Steinrinne“ – kann man neben diversen Funden einen großen, freipräparierten Ausschnitt aus dem von *Homo erectus bilzingslebenensis* gestalteten Lebensraum im Original betrachten.

Die bedeutenden Originalfunde von der Fundstelle Bilzingsleben befinden sich im Museum für Ur- und Frühgeschichte Thüringens in Weimar, im Landesmuseum für Vorgeschichte in Halle sowie in der Sammlung der Forschungsstelle Bilzingsleben an der Universität Jena.

RD

Abb. 5
Denkmal für den Urmenschen von Bilzingsleben, errichtet 1999 an der Fundstelle „Steinrinne“.

Weitere Informationen unter:
www.steinrinne-bilzingsleben.com
www.landesmuseum-vorgeschichte.de
www.alt-thueringen.de

Literatur:
Mania, D. (1998): Die ersten Menschen in Europa. – 101 S.; Darmstadt.
Vlček, E., Mania, D. & Mania, U. (2002): Der fossile Mensch von Bilzingsleben: Bilzingsleben V (Beiträge zur Ur- und Frühgeschichte Mitteleuropas). – 392 S.; Weissbach.

23 Im Reich des Höhlenbären – Die Rübeländer Höhlen im Landkreis Harz

Rübeland

Die Baumanns- und Hermannshöhle, zusammen auch als Rübeländer Höhlen bezeichnet, liegen in Rübeland im Bodetal, einer Ortschaft der Stadt Oberharz am Brocken im Landkreis Harz. Die sich gegenüberliegenden Höhlen sind in devonischen Kalksteinen angelegt. Im Zusammenhang mit der Eintalung der Bode in den Kalkstein haben sich in den Höhlen mehrere über Vertikalstrecken verbundene Horizontalniveaus ausgebildet. Das jüngste und tiefste Niveau befindet sich im heutigen Karstwasserbereich. Die oberen, älteren und trockenen Niveaus der Höhlen sind teilweise als Schauhöhlen ausgebaut. Die gemessene Gesamtganglänge der Baumannshöhle beträgt 1.950 m, die der Hermannshöhle 3.000 m.

Vom Einhorn und anderen Tieren

Von der Baumannshöhle sind erste Erwähnungen von Tropfsteinen und Knochen bereits aus dem 16. Jahrhundert bekannt. Besonders wegen ihres Knochenreichtums, damals als Reste des fossilen Einhorns Unicornu fossile gedeutet, fand die Höhle Beachtung bei zahlreichen historischen Persönlichkeiten, z. B. Georg Agricola, Athanasius Kircher, Gottfried Wilhelm Leibniz und Matthäus Merian. 1888 wurden neue, bedeutende und knochenreiche Höhlenteile entdeckt. Dort wurden durch das Herzogliche Naturhistorische Museum Braunschweig von 1889 bis 1901 paläontologische Ausgrabungen durchgeführt.

Nach Ansicht der Ausgräber stammten die Faunenreste aufgrund ihres Artspektrums aus einer „älteren Diluvialfauna" und einer „jüngeren Glazialfauna". Zur „älteren Fauna" gehören demnach neben dem Höh-

Abb. 1
Blick auf das Eingangsgebäude der Baumannshöhle in Rübeland im Bodetal.

Abb. 2
Höhlenbärenskelett am unteren Rand des sog. Knochenfeldes in der Baumannshöhle. Aus diesem Bereich stammen viele historische Knochenfunde.

lenbären, der den Großteil der Funde ausmacht, auch Höhlenlöwe, Leopard, Höhlenhyäne, Wolf, Rotfuchs, Rothirsch, Reh, Gämse, Steinbock, Steppenbison und das Wollhaarnashorn. Die Großsäugerfauna der „jüngeren Fauna" setze sich aus Rotfuchs, Eisfuchs, Marder, Hermelin, Vielfraß, Wildkatze, Wildpferd, Rentier, Moschusochse und Schneehase zusammen. Aufgrund von in den letzten Jahren durchgeführten ^{14}C-Datierungen können fast alle Arten aus der Baumannshöhle aus dem Zeitraum 47.000 bis 39.000 Jahre vor heute zugewiesen werden. Eine Untergliederung in eine „ältere" und eine „jüngere" Fauna hat sich nicht bestätigt. Die Baumannshöhle ist einer der bedeutendsten Fundorte Europas für Leopardenreste aus der letzten Eiszeit und markiert deren nördlichstes Vorkommen. Wenige Steinwerkzeuge des Neandertalers wurden ebenfalls in der Höhle gefunden.

Eine weitere Höhlenentdeckung

Die Hermannshöhle wurde 1866 bei Straßenbauarbeiten entdeckt. Erste Grabungen wurden 1875 begonnen und bis 1897 durch die TH Braunschweig und das Herzogliche Naturhistorische Museum Braunschweig fortgesetzt. Weitere erfolgten 1954 und 1962 durch das Landesmuseum für Vorgeschichte Halle sowie 1984 und 1985 durch das Karstmuseum in Uftrungen.

Auch in der Hermannshöhle stammt der Großteil der geborgenen Funde vom Höhlenbären (99 %). An weiteren Arten sind Braunbär, Höhlenlöwe, Höhlenhyäne, Wolf, Marder, Hermelin, Wollhaarnashorn, Rentier, Rothirsch, Gämse, Pferd, Wildrind und Schneehase belegt. ^{14}C-Datierungen von Höhlenbärenknochen ergaben ein Alter von etwa 31.000 Jahren.

Abb. 3
In aufrechter Position montiertes Höhlenbärenskelett in der Hermannshöhle.

Abb. 4
Leopard in einem Nationalpark in Südafrika. So dürften auch die während der letzten Kaltzeit in Europa lebenden Leoparden ausgesehen haben.

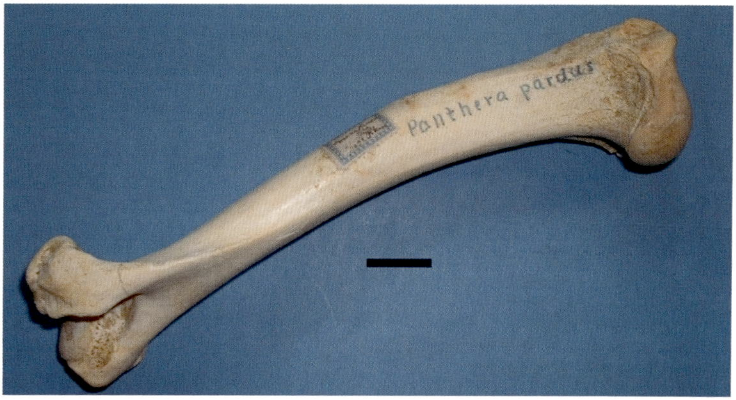

Abb. 5
Vollständig erhaltener Oberarmknochen eines Leoparden, gefunden bei den Ausgrabungen in der Baumannshöhle. Der rund 42.000 Jahre alte Fund wird heute in den Sammlungen des Naturhistorischen Museum in Braunschweig aufbewahrt. Maßstab = 1 cm.

Funde aus den Rübeländer Höhlen befinden sich im Staatlichen Naturhistorischen Museum Braunschweig, hier die wichtigsten Funde aus den Altgrabungen, im Museum für Naturkunde Berlin, im Landesmuseum für Vorgeschichte in Halle sowie bei den Höhlen selbst.

WR

Weitere Informationen unter:
www.harzer-hoehlen.de

Literatur:
Fricke, U. & Knolle, F. (1999): Die Rübeländer Tropfsteinhöhlen. – 80 S.; Goslar.
Joger, U. & Rosendahl, W. (2012): The Rübeland Caves (Harz Mts.) – Historical excavations and modern analyses. – Braunschweiger Naturkundliche Schriften, Bd. 11, S. 55–68; Braunschweig.
Kempe, S., Dunsch, B., Fetkenheuer, K., Naumann, G. & Reinboth, F. (2004): Die Baumannshöhle bei Rübeland/Harz im Spiegel der wissenschaftlichen Literatur vom 16. bis zum 18. Jahrhundert: Lateinische Quellentexte. – Braunschweiger Naturkundliche Schriften, Bd. 7, S. 171–215; Braunschweig.

Ein großes Knochenpuzzle aus alten Kiesen – Das Steppenmammut von Sangerhausen

24

Eine ehemalige Kiesgrube nahe dem kleinen Ort Edersleben bei Sangerhausen im Landkreis Mansfeld-Südharz ist der Fundort eines der vollständigsten Urelefanten in Europa. Vor etwa 500.000 Jahren herrschten in Mitteleuropa ganz andere Umweltbedingungen als heute. Der heute kleine, nördlich des Kyffhäuser-Gebirges vorbeifließende Fluss Helme war zu dieser Zeit viel mächtiger. Sie lagerte frei mäandrierend die Kiese ab, welche die heutige Talebene der Goldenen Aue aufbauen und Anfang der 1930er Jahre im Umkreis von Sangerhausen abgebaut wurden. Mit diesen Kiesen wurden auch Kadaver und Skelettreste der eiszeitlichen Tiere dieser Gegend abgelagert. Heute sind Knochen aus dieser Zeit durch die lange Lagerung extrem mürbe und nur mit größter Behutsamkeit zu bergen.

Eine kleine Sensation

Am 12. September 1930 wurden in der Kiesgrube des Herrn W. Schösse Mammutknochen gefunden. Man informierte den Sangerhäuser Heimatforscher Gustav Adolf Spengler (1869–1961), der umgehend die Bergung und weitere Ausgrabungen des Fundes vornahm. Wie sich zeigte, waren der rechte Unterschenkel und rechte Fuß offenbar bereits bei der Entdeckung der Knochen beim Kiesabbau „zerbröselt“ und mit dem Kies abtransportiert worden. Daher ist dieser Teil des Skeletts (ebenso

Abb. 1
Der 1930 gefundene Oberschenkel des Ederslebener Mammuts in der Schausammlung des Privatmuseums von G. A. Spengler inmitten von weiteren eiszeitlichen Funden aus der Region.

wie eineinhalb Jahre später der Hirnschädel) nicht geborgen worden. Der noch zu rettende Knochen war der rechte Oberschenkel. Dieser musste von Spengler noch im Kies liegend mit Schellack gehärtet und zur Entnahme aus dem Boden mit einer Gipsschale gesichert werden. Die eigentliche Präparation erfolgte später in seiner Werkstatt.

Im September 1931 meldete der Kiesgrubenbesitzer erneut Mammutknochen – von derselben Fundstelle. Spengler konnte dank vieler Helfer innerhalb von vier Tagen das linke Hinterbein, das Becken mit Kreuzbein und Teile des Schwanzes bergen. Nach der Präparation und dem Zusammensetzen der insgesamt über 220 Bruchstücke wurde ersichtlich, dass das Mammut ein über 3 m hohes Hinterteil hatte.

Die groß gewordene Sensation bekommt ein eigenes Museum

Der Vorderteil mit Unterkiefer, Oberkieferbruchstücken mit Backenzahn und den beiden 2,3 m langen Stoßzähnen kamen im März 1932 zum Vorschein. Spengler konnte nun den Mammutfund vervollständigen und eine Rarität ersten Ranges schaffen. Leider war diese Rarität viel zu groß und konnte in Spenglers Privatmuseum nur verteilt auf zwei Räume gezeigt werden. Erst 1952 wurde in Sangerhausen für das nun stehend montierte Skelett der ausgewachsenen Mammutkuh ein städtisches Museum, das heutige Spengler-Museum, erbaut. Ab den 1970er Jahren zeigten sich Zerfallserscheinungen an den Knochen, die scheinbar unaufhaltsam voranschritten. Das Knochenmaterial wurde daher 2004 neu präpariert und damit für weitere Jahrzehnte vor dem Zerfall bewahrt. Man nutzte diese Gelegenheit und stellte das Skelett in dynamischerer Pose als zuvor auf.

Abb. 2
G. A. Spengler in der Kiesgrube bei Edersleben mit dem freigelegten rechten Vorderbein des Fundes im Jahr 1932.

Scheinbares Verwandtschafts- und Namenslabyrinth

Die bis zu 4,7 m hohen und wohl bis zu 10 t schweren Steppenmammute lebten vor ca. 1,7 Millionen bis ca. 200.000 Jahren in Eurasien. Sie hatten sich bereits deutlich an das kühlere Klima im Eiszeitalter und die dann vorherrschende Grasnahrung angepasst, was sich im Bau ihrer Backenzähne zeigte. Vor ca. 250.000 Jahren entwickelte sich aus dem Steppenmammut das kleinere Wollhaarmammut. Dieses kam wegen seiner ausgeprägten Behaarung und noch stärker an die eiszeitliche Pflanzenwelt angepassten Backenzähne optimal mit kaltzeitlichen Bedingungen zurecht und hatte vor ca. 200.000 Jahren das Steppenmammut abgelöst. Das Steppenmammut erhielt im Laufe seiner Existenz als Sammlungsobjekt verschiedene Gattungsnamen, wie z. B. Elephas, Parelephas oder Archidiskodon, die allesamt den Steppenelefanten als direkten Vorfahren des Wollhaarmammuts meinten. Heute führen alle Mitglieder

Abb. 3
Die Knochen des Edersleebener Mammuts waren durch die Lagerung im Kies extrem mürbe und konnten meist nur als Bruchstücke geborgen werden. Die Fehlstellen wurden bei der Rekonstruktion mit Gips, heute mit Kunstharz, ausgefüllt. Vom Schädel war nur ein Teilstück erhalten, sodass eine Nachbildung angefertigt wurde. Ebenso vom rechten Unterschenkel und Fuß, die offenbar vor der Bergung des rechten Oberschenkels – dem ersten Fundstück des Edersleebener Mammuts – beim Kiesabbau zerstört wurden.

Abb. 4
Rekonstruktionszeichnung eines Steppenmammuts.

der Mammut-Entwicklungslinie den Gattungsnamen *Mammuthus*. Aus dem früheren „Edersleebener Steppenelefanten" wurde also heute *Mammuthus trogontherii*, das in der deutschen Wissenschaft als Steppenmammut bezeichnet wird. Der Artname *trogontherii* bezieht sich auf das *Trogontherium*, einen ausgestorbenen Biber, der Zeitgenosse des Steppenmammuts aus Edersleben war.

RD

Weitere Informationen unter:
www.spengler-museum.de

Literatur:

Frohriep, M. (2002): Das Spengler-Haus. – Beiträge zur Heimatforschung, Bd. 12, S. 26–40. Veröffentlichungen des Spengler-Museums Sangerhausen.
Garutt, V.E. & Nikolskaja, V.N. (1988): Über das Skelett vom Steppenelefanten aus Edersleben. – Beiträge zur Heimatforschung, Bd. 9, S. 3–13; Veröffentlichungen des Spengler-Museums Sangerhausen.

25 Fußabdruck eines Gletschers – Der Muskauer Faltenbogen bei Bad Muskau

Bad Muskau

Der Muskauer Faltenbogen, benannt nach der Stadt Bad Muskau, liegt im Dreiländereck von Land Brandenburg, von Freistaat Sachsen und von Polen. Die Lausitzer Neiße teilt den Faltenbogen als Grenzfluss in zwei Teile. Er hat die Form eines nach Nordnordosten offenen Hufeisens. Die Länge dieser Struktur ist ca. 40 km, die Breite des Streifens erreicht 700 m. Die vom Muskauer Faltenbogen eingenommene Fläche beträgt 250 km^2, davon 170 km^2 auf deutscher Seite.

Schwindende Kohle furcht das Land

Die Oberflächenstruktur ist durch parallel zum Bogenverlauf liegende, langgezogene Rinnen charakterisiert. Diese „Gieser“ genannten Rinnen sind 3 m bis max. 20 m tief, 10 m bis 30 m breit und bis mehrere Kilometer lang. Gieser entstehen über schräg im Boden anstehenden Kohleflözen, weil die Kohle nahe der Erdoberfläche weg oxidiert und so

Abb. 1
Das Wasser der Bergbaurestlöcher ist oft stark sauer und lässt dann kein Pflanzenwachstum mehr zu.

der darüber liegende Boden absinkt. Nachdem sie meist keinen Abfluss haben, sind Gieser oft vernässt und vertorft.

Abb. 2
Die Bergbaurestlöcher der Grube Hermann bei Weißwasser zeichnen den Verlauf der steil im Boden stehenden Kohleflöze nach.

Die geologische Grundlage eines Teils des Faltenbogenphänomens ist der tertiäre Untergrund in der Region. Im Zeitraum von vor 27 bis 5 Millionen Jahren überflutete die Paläo-Nordsee von Westen her im Abstand von einigen Millionen Jahren mehrfach das Festland Richtung Osten bis zu den Karpaten. Dabei lagerten sich direkt auf der Oberkreide mehrfach Schichtfolgen ab, die mit ihren aussagekräftigen Gesteinen den Werdegang der Überflutungen bis hin zum erneuten Trockenfallen des Festlandes belegen. Diese ursprünglich horizontal abgelagerte Schichtfolge ist ca. 250 m mächtig und besteht aus Sanden, „Feinstsanden", Tonen und Braunkohlen. Die Braunkohlen sind als landnahe Moorbildungen zu sehen.

Einen Pudding an die Wand drücken?

Während der letzten 500.000 Jahre breiteten sich von Norden her in mehreren von Warmzeiten (Interglazialen) unterbrochenen Vereisungsphasen Gletscher bis zum Harz aus. Vor ca. 350.000 Jahren, während der Elster-Vereisung, erreichte ein ca. 500 m mächtiger Aus-

Abb. 3
Ein Informationspunkt des geotouristischen Pfades „Ehemalige Babina-Grube" mit Blick auf den Bergbaufolge-See „Afrika".

läufer des nordischen Inlandeises das Gebiet des heutigen Muskauer Faltenbogens und „sackte" durch seine Auflast in die praktisch unverfestigte Schichtfolge der Paläo-Nordsee ein. Dabei wurden die am Rand des „einsackenden" Gletscherteils liegenden Schichtpakete nach außen gedrückt, zum Teil in Falten gelegt, zum Teil vom Schichtverband abgeschert und als isolierte Schuppen aneinander gestapelt, sodass sich am Rande des Eises die Urform des Muskauer Faltenbogens bildete. Die Braunkohlelagen mussten als Teil der Schichtfolge alle diese Verfrachtungen und Deformationen mitmachen und kamen dadurch zum Teil an die Erdoberfläche.

Die Elster-Vereisung wich der Holstein-Warmzeit, der nach ca. 30.000 Jahren die Saale-Eiszeiten folgten. Deren Eis überfuhr vor etwa 150.000 Jahren den Muskauer Faltenbogen und ebnete ihn ein. Seit dieser Zeit entstanden und entstehen durch Oxidation der Braunkohle die Gieser, die somit die Lage der Kohleflöze im Untergrund anzeigen.

Die Braunkohlen wurden im 19. und 20. Jahrhundert abgebaut. Reste der Tagebaue sind ähnlich den Giesern auffallend lang gestreckte Seen. Auch die regelmäßig beim Bergbau anfallenden Tone und Sande fanden industrielle Verwendung.

Touristische Nutzung der Bergbau- und Gletscherfolgelandschaft

Abb. 4
So könnte es gewesen sein, als der Muskauer Gletscher den Untergrund ausgequetscht hat. Zwischen dem Gletscher und der Oberlausitz sowie den Nordböhmischen Vulkanen breitete sich das Dünengebiet von Nochten mit Windkantern aus. Direkt vor dem Gletscher flossen die Schmelzwässer im Lausitzer Urstromtal ab. In diesem Gletschervorland lebten Mammut, Wollhaarnashorn, Riesenhirsch, Hyänen und auch Pferde, Rinder, Elche und Füchse.

Seit 2003 ist der Muskauer Faltenbogen Geopark, seit 2006 Nationaler Geopark. Zusammen mit dem polnischen „Schwesterpark" gehört er seit 2011 zum European Geopark Network. Seit 2011 ist er ebenfalls UNESCO Global Geopark.

Im Geopark gibt es vielfältige Angebote, Wanderwege, Radtouren und Lokalitäten. Einen symbolischen Überblick kann man sich auf dem 36 m hohen Aussichtsturm Felixsee bei Bohsdorf holen.

Das Geopark-Informationszentrum in Jerischke gibt Informationen zur Geologie und dem Kohlebergbau im Muskauer Faltenbogen. Das Mammut von Klinge und eine Ausstellung über Waldtiere sind dort ebenfalls Thema.

RD

Weitere Informationen unter:
Geopark Muskauer Faltenbogen: www.muskauer-faltenbogen.de
Geopark-Informationszentrum am Schullandheim Jerischke in 03159 Neiße-Malxtal:
www.lausitzerseenland.de/de/entdecken/natur-entdecken/aussichtsturme/artikel-aussichtsturm-felixsee.html
Aussichtsturm Felixsee in 03130 Felixsee OT Bohsdorf:
www.lausitzerseenland.de/de/entdecken/natur-entdecken/aussichtsturme/artikel-felixsee.html

Literatur:
Kupetz, A. & Kupetz, M. (2009): Der Muskauer Faltenbogen. – Wanderungen in die Erdgeschichte, Bd. 24, 224 S.; München.

26 Steinreich und schön gelegen – Der Eiszeitgarten Buckow im Naturpark Märkische Schweiz

Buckow

Buckow ist der Hauptort des Naturparks Märkische Schweiz und liegt ca. 60 km östlich von Berlin im Landkreis Märkisch-Oderland. Die Stadt liegt in einer beckenartigen Erweiterung des Stobbertals, dem sog. Buckower Kessel. Vor allem die letzte Kaltzeit (Weichsel-Eiszeit) prägte die Landschaft der Region mit ihren Tälern, Seen und Höhenzügen. Die aus dem Norden stammenden Findlingsblöcke wurden an den ehemaligen Eisrandlagen in Form von Landrücken abgelagert. Urstromtäler, lang gestreckte breite Täler zwischen den Eisrandablagerungen, leiteten das Schmelzwasser nach Westen und Nordwesten ab.

Naturpark Märkische Schweiz

Der Naturpark Märkische Schweiz besteht seit 1990 und ist der älteste und zugleich kleinste Naturpark in Brandenburg. Er bietet bis über 20 km lange Wanderungen z. B. zum Krugberg, der mit 129 m ü. NHN höchsten Erhebung der Märkischen Schweiz, oder durch die Erosionsionstäler. Die vielen typischen, runden Kesselseen, wie z. B. der Buckowsee, gehen auf teilweise oder auch ganz in Gletschersedimente eingebettete, vom aktiven Gletscher abgetrennte Eisblöcke zurück, die man als Toteis bezeichnet. Schmelzen nun diese zum Teil riesigen

Abb. 1 Eiszeitgarten in Buckow. In Bögen angelegte Findlinge aus Skandinavien und dem Ostseeraum an der Buckowseepromenade im Lunapark.

Toteisblöcke, bleiben oft wassergefüllte Löcher – die Toteislöcher oder Kessel – zurück.

Im Naturpark-Besucherzentrum Schweizer Haus in Buckow erhält man einen sehr informativen Einblick in diese besondere Eiszeit-Landschaft.

Reise über 1.000 km

Das nordische Inlandeis legte in den Kaltzeiten mehrere hundert bis über 1.000 km zurück. Das während der Reise des Eises vom Untergrund aufgenommene und zugemischte Gesteinsmaterial wird in das Eis hineingearbeitet und später an die Eisoberfläche geschoben. Wenn das Eis schmilzt, bleibt das Material, bestehend aus einer Mischung von großen Blöcken und feinen Tonpartikeln, als Moränendecke liegen oder wird vom Schmelzwasser weiter transportiert.

An der Unterseite des Eises schleifen und zerkratzen die härteren Gesteine die weicheren. Es entstehen Schliffflächen und Schrammen. Die Oberfläche der nach dem Ausschmelzen freiliegenden Blöcke können auch von Wind und Sand glatt geschliffen werden. So entstehen auf den Steinen sich stumpfwinklig schneidende Flächen. Solche Steine nennt man Windkanter.

Steine aus Europas Norden

Der Eiszeitgarten in Buckow befindet sich an der Buckowseepromenade im Lunapark und wurde 2006 und 2007 angelegt. In Bögen positionierte

Abb. 2
Findlinge im Eiszeitgarten in Buckow. Gut erkennbar sind der Revsund-Granit, der größte Findling des Eiszeitgartens, in der Bildmitte und der graue, flache Ostsee-Kalk mit einer deutlichen Schlifffläche im hinteren, rechten Bildausschnitt.

Abb. 3
Blick über den Buckowsee auf die Stadt Buckow.

Findlinge aus Skandinavien und dem Ostseeraum zeigen, wie die Gesteine nach dem Abschmelzen des Eises an den Eisrandlagen abgelagert wurden. Hinweistafeln geben einen Überblick über die Entstehung der Gesteine, die Reichweiten des Eises in den verschiedenen Kaltzeiten, den Transport der Gesteine durch das Eis und die Besonderheiten der hier zusammengetragenen Findlinge.

Der größte Findling im Eiszeitgarten ist der 1,75 Milliarden Jahre alte, graurote Revsund-Granit mit 11,2 t. Seine innere Struktur (Gefüge) besteht aus roten Feldspat-Kristallen. Beim ca. 1,4 Milliarden Jahre alten grauen Öje-Diabas-Porphyrit mit großen Feldspat-Kristallen handelt es sich um ein vulkanisches Gestein. Beide Findlinge stammen aus Mittelschweden. Der ebenfalls rund 1,4 Milliarden Jahre alte Jotnische Sandstein ist ein Relikt von fossilen Flussablagerungen und kommt häufig in Mittelschweden und im Ostseeraum vor.

An vielen Findlingen im Eiszeitgarten sieht man die beschriebenen Spuren von Eis und Wind, wie z. B. bei dem ca. 480 Millionen Jahre alten, vom Gletscher überfahrenen, Ostsee-Kalk mit einer deutlichen Schlifffläche.

DD

Weitere Informationen unter:
www.maerkischeschweiz.eu

Literatur:

Kultur- und Tourismusamt Märkische Schweiz: Der Eiszeitgarten in Buckow (Flyer).
Rothe, P. (2019): Die Geologie Deutschlands. 48 Landschaften im Portrait. – 288 S.; 5. Auflage, Darmstadt.

Im Tal der abfließenden Schmelzwässer –

Der Weiße See in Berlin-Pankow

27

Berlin

Der Weiße See im Nordosten Berlins liegt im Ortsteil Weißensee des Bezirkes Pankow. Seine Fläche beträgt 8,3 ha und sein Volumen ca. 360.000 m^3. Mit einer Tiefe von 10,64 m (durchschnittliche Tiefe 4,34 m) ist er der siebttiefste See der Hauptstadt. Seine Abmessungen betragen 305 m in Ost-West-Richtung und 350 m in Nord-Süd-Richtung.

Am Anfang war das Eis ...

Der See und die ihn umgebende Landschaft wurden während der Gletschervorstöße der Weichsel-Eiszeit geprägt. Das Zentrum Berlins befindet sich auf Sanden und die Außenbezirke auf Geschiebemergel der Grundmoräne.

Er ist eingebettet in die Grundmoränen des Barnims, einem Höhenzug zwischen dem nördlichen Thorn-Eberswalder und dem südlichen Warschau-Berliner Urstromtal, und umfasst Teile des mittleren und nordöstlichen Brandenburg sowie den Nordosten Berlins. Bei Urstromtälern handelt es sich um breite Talniederungen, die durch Abfließen

Abb. 1
Der Weiße See in Berlin-Pankow in einer Luftaufnahme.

Abb. 2
Blick über den See nach Süden Richtung Berliner Allee.

der Schmelzwasser parallel zum ehemaligen Eisrand entstanden. Beim Abschmelzen des Eises blieb ein riesiger Gletschereisblock zurück, der beim späteren Auftauen einen sog. Toteissee bildete. Dies war der Ursprung des heutigen Weißen Sees.

Im Laufe der Jahrhunderte entwickelten sich rund um den See Siedlungen, die hauptsächlich auf der Landwirtschaft basierten. Die älteste bekannte Siedlung stammt aus dem 13. Jahrhundert.

In den letzten 150 Jahren wurde durch die Bebauung des nahen Ufers, der Versiegelung des Einzugsgebietes sowie klimatische Veränderungen, wie geringere Niederschlagsmengen und erhöhte Verdunstung, der

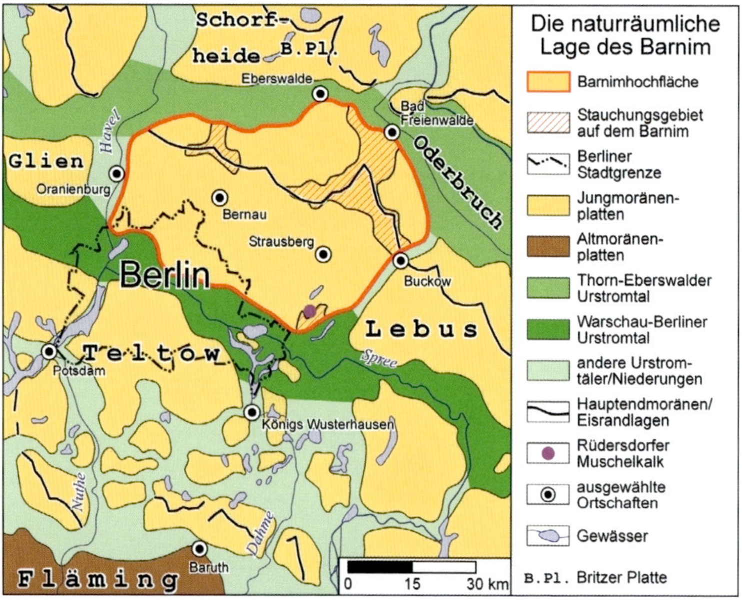

Abb. 3
Karte der naturräumlichen Lage des Barnim im Umfeld der Urstromtäler und Moränenlandschaft Berlin-Brandenburgs.

Abb. 4
Uferzone an der östlichen Seeseite des Haussees bei Seefeld-Löhme.

Wasserhaushalt zunehmend gestört. Inzwischen wird der Wasserstand des Sees von den Berliner Wasserbetrieben reguliert. In regenarmen Zeiten kann Wasser aus nahe gelegenen Quellen in den See gepumpt werden. Bemerkenswert ist eine Mittelfontäne im Weißen See von beachtlicher Höhe.

... und am Ende kam das Wasser

Die flachwelligen Grundmoränenlandschaften des Barnims sind relativ seenarm. Nur vereinzelt finden sich isolierte Seen innerhalb des Plateaus wie der Haussee bei Seefeld-Löhme nordöstlich von Berlin oder der Weiße See in Berlin-Pankow. Innerhalb der Sanderflächen sind aufgrund der Verschüttung und des nachfolgenden Austauens des Toteises häufiger Seen entstanden. Vor allem das Seengebiet um Wandlitz nördlich von Berlin ist bekannt.

Die meisten Seen innerhalb des Barnims befinden sich aber in glazialen Rinnen. Sie sind häufig langgestreckt und zeigen eine Ausrichtung von Nord/Nordost nach Süd/Südwest, wie beispielsweise eine kleinere Seenkette am östlichen Barnimhang zur Stobberniederung, die sich vom Dolgensee (25 ha) über den Kesselsee (3,5 ha) und Lettinsee (16 ha) nach Nordosten bis zum Klostersee (55 ha) bei Altfriedland, östlich von Berlin, zieht.

DD

Weitere Informationen unter:
https://www.pankow-weissensee-prenzlauerberg.berlin/de/weisser-see

Literatur:

Lippstreu, L., Hermsdorf, N. & Sonntag, A. (1997): Geologische Übersichtskarte des Landes Brandenburg 1 : 300.000. – 338 S.; Potsdam.
Rasmus, C. & Klaehne, B. (2001): Wander- und Naturführer Naturpark Barnim. – 116 S.; Berlin.

28 Vom Einhorn zum Neandertaler – Die Einhornhöhle bei Scharzfeld am Harz

Scharzfeld

Die Einhornhöhle liegt im Waldgebiet der Brandköpfe, etwa 1,5 km nördlich von Scharzfeld im Landkreis Göttingen. Sie gehört zu den bedeutendsten Höhlen im Harz. Von Scharzfeld aus ist der Anfahrtsweg ausgeschildert.

Der Raumcharakter der im Jungtertiär und Quartär in Zechsteindolomit (Perm) entstandenen Höhle ist durch starke Profilwechsel und große Hallen (Weißer Saal, Schiller Saal, Leibnizhalle, Blaue Grotte) geprägt. Die Gesamtlänge beträgt 610 m, davon sind 365 m im Rahmen einer Schauhöhlenführung begehbar. Der heutige Zugang erfolgt seit 1905 durch einen seitlich angebrachten Stollen und führt in den Weißen Saal.

Dem Einhorn auf der Spur

Bereits im Mittelalter wurde die Höhle immer wieder über einen natürlichen Deckeneinbruch, die Blaue Grotte, aufgesucht, um nach Einhornknochen zu graben, denen man eine besondere Heilwirkung nach-

Abb. 1 Der Zugang in die Schauhöhle erfolgt durch einen 1905 seitlich angebrachten Stollen. Ein großes Modell von einem Einhornskelett empfängt die Höhlengäste.

Abb. 2
Ein ästhetisches Zusammenspiel von Höhlendunkelheit und Sonnenstrahlen: die „Blaue Grotte" am Ausgang der Höhle.

sagte. Im 17. Jahrhundert wurde erkannt, dass es sich hier um fossile Reste von Großsäugern handelt, hauptsächlich von Höhlenbären. Die Knochenfunde stammen auch von anderen Tieren, wie z. B. dem Höhlenlöwen oder Wolf.

Viele berühmte Naturforscher haben die Höhle zu erdwissenschaftlichen Studien besucht, darunter Gottfried Wilhelm Leibniz, Johann Wolfgang von Goethe oder der Engländer William Buckland. Die ersten wissenschaftlichen Grabungen in der Einhornhöhle wurden vom bekannten Berliner Anatom und Urgeschichtler Rudolf Virchow (1821–1902) ab 1872 durchgeführt. Er hatte bereits das erklärte Ziel, Spuren und Hinterlassenschaften des eiszeitlichen Menschen zu finden. Der Nachweis für die Nutzung der Höhle durch den paläolithischen Menschen konnte aber erst 1985 im sog. Jacob-Friesen-Gang, einem Seitengang der Höhle, erbracht werden. Typische Artefakte belegen die Anwesenheit des Neandertalers. Von 2014 bis 2020 fanden neue Grabungen an dieser Stelle und im Außenbereich darüber, einem alten, verschütteten Höhlenzugang, statt. Der spektakulärste Fund der jüngsten Forschungen ist ein fast 6 cm langer, knapp 4 cm breiter und etwa 3 cm dicker zweiter Zehenknochen eines Riesenhirschs, in den ein Winkelmuster aus sechs Kerben eingeritzt ist. Mittels ^{14}C-Daten wurde der gravierte Knochen auf ein Alter von etwa 51.000 Jahren datiert. Damit ist klar, dass es sich auch hierbei um ein Werk des Neandertalers handelt.

Die Funde aus den alten Grabungen befinden sich im Landesmuseum Hannover und ein kleiner Teil im höhlenkundlichen Museum im Haus Einhornhöhle. Das gesamte Material der neuen Ausgrabungen befindet sich im Niedersächsischen Landesamt für Denkmalpflege in Hannover.

Schauhöhle und Höhlenmuseum

Die Nutzung der Höhle für touristische Zwecke begann bereits zu Beginn des 20. Jahrhunderts. Seit 2003 wird der Schauhöhlenbetrieb durch die Gesellschaft Unicornu fossile e. V. geführt. In einem 2004 neu errichteten, größeren Blockhaus, dem „Haus Einhorn", befindet sich neben dem Kassenbereich mit einem Shop und einem Slowfood-Bistro seit 2005 im Untergeschoss auch ein kleines höhlenkundliches Museum mit einer Fläche von 50 m². Die Exponate des Museums sind neben ansprechend gestalteten Text- und Bildtafeln verschiedene Modelle, Grabungsszenen, Knochenfunde und Steinwerkzeuge. Die präsentierten Einzelthemen sind: Nationaler Geotop Zechsteinlandschaft, Forschungsgeschichte Einhornhöhle, Höhlenentstehung, Neandertaler, Archäologie, Geologie, Eiszeittiere, Höhlentiere heute und die Karstlandschaft der Umgebung. Schauhöhle und Museum sind seit 2017 als Infostelle auch Teil des UNESCO-Geoparks „Harz – Braunschweiger Land – Ostfalen".

DD

Abb. 3
Zehenknochen eines Riesenhirsches (6 cm lang) mit einem eingravierten, linienhaften Winkelmuster. Die Einkerbungen wurden vor 51.000 Jahren vom Neandertaler angefertigt.

Abb. 4
Im „Haus Einhorn" befindet sich neben dem Kassenbereich mit einem Shop auch ein Slowfood-Bistro.

Abb. 5
Im Untergeschoss des „Haus Einhorn" befindet sich ein kleines, höhlenkundliches Museum mit Infotafeln und Funden aus der Einhornhöhle.

Weitere Informationen unter:
www.einhornhoehle.de

Literatur:

Hillgruber, V., Lehmann, J., Nielbock, R. & Terberger, T. (2014): Die Einhornhöhle im Lichte alter und neuer Forschungen. – Berichte zur Denkmalpflege in Niedersachsen, Bd. 4, S. 153–155; Hannover.

Leder, D., Hermann, R., Hüls, M., Russo, G., Hoelzmann, P., Nielbock, R., Böhner, U., Lehmann, J., Meier, M., Schwalb, A., Tröller-Reimer, A., Koddenberg, T. & Terberger, T. (2021): A 51,000-year-old engraved bone reveals Neanderthals' capacity for symbolic behaviour. – Nature Ecology and Evolution, Bd. 5, S. 1273–1282; London.

Nielbock, R. (2010): Die Einhornhöhle. Die Welt der Einhörner, Höhlenbären und Neandertaler. – 49 S.; München.

29 Mit der Kraft des nordischen Eises – **Die Gletscherschrammen von Velpke**

Velpke

Der ehemalige Steinhauerort Velpke liegt im Landkreis Helmstedt, ca. 14 km östlich von Wolfsburg. Von 1630 bis 2008 wurde hier einer der zähesten und verschleißfestesten Sandsteine Deutschlands abgebaut. Er diente vor allem als Baustein, aber auch als Wetzstein, Säuretrog, Ofenbaustein und als Rohstoff zur Glasgewinnung.

Vom harten Stein zur „Velpker Schweiz"

Der Abbau fand in zahlreichen, meist kleineren Steinbrüchen statt, die alle das gleiche Profil aufschlossen: zwei massige Sandsteinabfolgen, die von schwarzen Tonsteinen und vielen geringmächtigen Sandsteinlagen getrennt werden. Die tiefer gelegenen Steinbrüche sind heute mit Wasser vollgelaufen. Diese Seen und ihr Umfeld sind so landschaftsprägend, dass dieses seit 1969 als Landschaftsschutzgebiet ausgewiesene Steinbruchfeld heute „Velpker Schweiz" genannt wird.

Die Steinbrüche erlaubten Einblicke in die Entstehungsgeschichte der Sandsteinbänke. Man geht heute davon aus, dass es sich um ein ca. 200 Millionen Jahre altes Flussdelta der Triaszeit handelt, das von Ost nach West in das Niedersächsische Becken schüttete. Diese fast reinen Quarzsande wurden im Laufe der Zeit vor allem im Bereich Velpke

Abb. 1 Auf der Schichtfläche mancher Sandsteinbänke sind Wellenrippeln erhalten. Diese Spuren stammen aus der Entstehungszeit des Gesteins.

durch das Mineral Quarz zementiert. Dadurch entstand der besonders widerstandsfähige Velpker Sandstein.

Spuren am Kuhloch

Am westlichen Ufer des Kuhlochs, einem der ehemaligen, heute wassergefüllten Steinbrüche, liegt 2 m über dem Wasserspiegel ein Plateau aus Velpker Sandstein. Solche Plateaus kamen regelmäßig ans Tageslicht, wenn neue Steinbrüche angelegt werden sollten und deshalb die Moränenüberdeckung der Sandsteine abgeräumt wurde. Dabei wurden auf der Sandsteinoberfläche immer wieder Schrammen gefunden. Solche Spuren haben die Gletscher der nordischen Inlandvereisung verursacht, die zum Teil bis an den Harz heran reichten. Das an der Gletschersohle aus dem Eis herausragende Geschiebematerial hat den Sandstein massiv geschrammt. Nach dem Abschmelzen des Eises konservierte die Moränenüberlagerung die Schrammen auf der Sandsteinoberfläche, sodass man heute noch zwei Richtungsverläufe darin erkennen kann. Der Schwarm der südsüdwest ausgerichteten Linien erscheint frisch und „jung", wohl dem Drenthe-Stadium der vorletzten Kaltzeit, der Saale-Eiszeit, vor 150.000 Jahren zuzuordnen. Die Schrammen mit der Richtung westsüdwest dagegen sind verwaschen und „alt"

Abb. 2 Die Schichtfolge des Velpker Sandsteins zeichnet sich durch zwei Lagen mit dickbankigem Sandstein aus, die von einer Schichtfolge von dünnbankigem Sandstein und Tonlagen getrennt werden.

Abb. 3
An der Kontaktfläche von Velpker Sandstein und der zuoberst aufliegenden Grundmoräne befinden sich zwei Scharen von Schrammen, die vom Gletschereis in den Felsen gekratzt wurden.

und könnten möglicherweise bereits während der Elster-Eiszeit vor über 340.000 Jahren entstanden sein.

Auf fließendes Eis weisen auch fast senkrecht zur Richtung der jüngeren Schrammen liegende, sichelförmige Aussplitterungen an der Gesteinsoberfläche hin. Sie entstehen durch Eisdruck an der fließenden Sohle von Gletschern.

Die Gletscherschrammen von Velpke sind in Niedersachsen einzigartig und als Naturdenkmal geschützt. Daher resultiert auch das Verbot, Steine zu klopfen. Sie sind Erlebnispunkt 4 des Naturerlebnispfades „Velpker Schweiz". Dieser ist Teil des UNESCO-Geoparks „Harz – Braunschweiger Land – Ostfalen" und startet am Sportplatz von Velpke im nördlichen Ortsbereich.

RD

Weitere Informationen unter:
www.geopark-hblo.de

Literatur:
Bölscher, B. & Schneider, W. (2001): Geologie-Natur-Erlebnispfad „Velpker Schweiz". – Begleitheft zu den Einrichtungen des Freilicht- und Erlebnismuseum Ostfalen, 26 S.; Königslutter.
Krüger, F. (2006): Braunschweiger Land. – Wanderungen in die Erdgeschichte, Bd. 19, 192 S.; München.
Richter, R. (1964): Das Alter der Gletscherschrammen von Velpke. – Eiszeitalter und Gegenwart, Bd. 12, S. 125–130; Öhringen.

Der frühere Tagebau „Schöningen Süd" des Helmstedter Braunkohlereviers legte ufernahe Ablagerungen eines altsteinzeitlichen Sees zwischen den Ablagerungen der älteren Elster- und der jüngeren Saale-Eiszeit frei. Der Grundwasserspiegel senkte sich an dieser Stelle innerhalb der Fundschicht erst mit Beginn des Braunkohleabbaus. Daher blieben die organischen Bestandteile des Seesediments bis heute gut erhalten. Stark kalkhaltiges Wasser des benachbarten Muschelkalk-Hügels Elm verhinderte die Kalklösung an organischen Resten im Sediment. Die warmzeitlichen, ca. 300.000 Jahre alten Ablagerungen liefern daher bestens erhaltene organische Funde – von Algen bis zu Elefantenknochen.

Einzigartige Funde

In der ca. 8 m mächtigen Fundschicht wurde ab 1981 vom Niedersächsischen Landesamt für Denkmalpflege gegraben. Zwischen 1992 und heute wurden neben Feuersteingeräten auch diverse Holzartefakte wie „Klemmschäfte", die berühmten (bisher zehn) Schöninger Speere und Wurfhölzer gefunden, was der Fundstelle zu Weltruhm verhalf.

Abb. 1
Blick auf die Fundstelle 13II auf einem vom Braunkohletagebau ausgesparten, vorspringenden Sockel, der wegen der dort gefundenen Holzspeere „Speersockel" genannt wird.

Abb. 2
Der siebte Schöninger Holzspeer in Fundlage.

An Wirbeltierresten dominieren Pferde und Elefanten. Es wurden aber auch Wasserbüffel und eine Raubkatze nachgewiesen. Bei all diesen vielen Knochenfunden ist bisher nur einer mit Bearbeitungsspuren gefunden worden: ein Katzenknochen, also wahrscheinlich von *Homotherium latidens*, der Schöninger „Säbelzahnkatze“ mit 1,1 m Schulterhöhe. Der Mensch ist also nur indirekt über seine Artefakte nachgewiesen.

Speziell die Wurfstöcke weisen auf die Möglichkeit der Jagd auf Vögel hin. Ein jagdbarer Vogel könnte der Singschwan gewesen sein, wie mit Schlüpfspuren versehene Singschwaneier nahelegen. Wurfstöcke könnten auch benutzt worden sein, um Pferde, das offenbare Hauptwild, in günstige Positionen zu treiben, wo diese dann erlegt werden konnten. Die Anwesenheit einer Großkatzenart im Habitat des Menschen macht es sehr wahrscheinlich, dass dieses Waffenarsenal im Gruppenverband nicht nur zur Jagd, sondern auch zur Verteidigung eingesetzt wurde. All das deutet darauf hin, dass der Mensch dieser Zeit, der *Homo heidelbergensis*, sehr kommunikativ und zielgerichtet agierte.

Abb. 3
Seit 2013 präsentiert das „Paläon" als modernes Forschungsmuseum die Speere und andere Funde von den Ausgrabungen in Schöningen.

Abb. 4
So könnte er ausgesehen haben, der 300.000 Jahre alte Speerwerfer von Schöningen. Rekonstruktion von E. Daynès in der Dauerausstellung des Paläon.

Abb. 5
Von Archäologen für die Dokumentation freigelegte Tierknochen im Fundstellenkomplex Schöningen.

Eine Besonderheit dieser Fundstelle ist auch der Wechsel der Schichtfolge von kaltzeitlicher Ablagerung zu warmzeitlicher und wieder zu kaltzeitlicher, dass man hier ein Sedimentarchiv des Klimawandels vorliegen hat, das auch den Wechsel von Fauna und Flora belegt.

Ein Schaufenster der Vergangenheit

Um diese einzigartige Fundstelle der Öffentlichkeit nahezubringen, wurde 2013 das Forschungsmuseum Schöningen unweit der Fundstelle der Schöninger Speere unter dem Namen „Paläon" eröffnet. Dieses Besucherzentrum und Museum treibt die interdisziplinäre Erforschung des 20 Stellen umfassenden Schöninger Fundstellenkomplexes voran. Eine ansprechende Dauerausstellung sowie wechselnde Sonderausstellungen und vielfältige museumspädagogische Angebote machen das Museum in der Region zu einem besonderen außerschulischen Lernort.

RD

Weitere Informationen unter:
www.palaeon.de

Literatur:
Terberger, T., Böhner, U., Hillgruber, F. & Kotula, A. (2018): 300.000 Jahre Spitzentechnik. Der altsteinzeitliche Fundplatz Schöningen und die frühesten Speere der Menschheit. – 168 S.; Darmstadt.

Geformt in eiskalten Zeiten –

31 Die Eiszeitlandschaft um Waren (Müritz)

Waren (Müritz) im Landkreis Mecklenburgische Seenplatte liegt im Dreieck der Seen Müritz, Tiefwarensee und Feisnecksee. Mitten in der Stadt liegt der Herrensee. Diese einzigartige Seenlandschaft entstand durch die Tätigkeit des Eises, das Auftauen von Toteisblöcken und durch die Kraft des Schmelzwassers während der jüngsten Eisvorstöße der letzten Kaltzeit.

Rund um die Müritz entstand 2002 der Geopark Mecklenburgische Eiszeitlandschaft, dessen Größe fast die Fläche des Landkreises Mecklenburgische Seeplatte umfasst. Entlang der charakteristischen Formenschätze der Weichselkaltzeit entstand die 666 km lange Radroute „Eiszeitroute Mecklenburgische Seenlandschaft“.

Ein landschaftlicher Superlativ

Müritz ist der größte innerdeutsche Binnensee mit einer Fläche von 117 km². Die am Seegrund gut erkennbaren tiefen Rinnen wurden durch

Abb. 1 Findling Großer Stein am Klosterberg in Altentreptow nach der Hebung 2021 aus der Erde. Er hat eine Höhe von 5,5 m.

Abb. 2
Panoramaansicht der Helpter Berge mit Sendeturm, gesehen vom Gemeindegebiet Helpt.

Abb. 3
Das Stavenhagen-Glatschower Os hat eine Länge von 30 km. Es handelt sich um die längste Ablagerung dieser Art im Gebiet der norddeutschen Vereisung.

Schmelzwasser ausgeformt. In späterer Zeit wurde diese durch Toteis plombiert. Aufgrund der komplexen Entstehung wird die Müritz auch als Kombinationssee bezeichnet.

Die Helpter Berge, ca. 20 km östlich von Neubrandenburg, sind mit 179,2 m ü. NHN die höchste Erhebung von Mecklenburg-Vorpommern. Dieser Hügel ist eine Endmoräne, die auch während eines Eisvorstoßes zur Hochphase der letzten Kaltzeit entstanden ist.

Beim „Großen Stein" am Altentreptower Klosterberg handelt es sich mit ca. 133 m^3 um den zweitgrößten Findling auf deutschem Festland. Dieser mittelkörnige Granitblock mit einem Umfang von 23 m und einer Masse von ca. 400 t stammt nach neuesten Untersuchungen aus Südschweden.

Abb. 4
Luftbild vom Naturerlebniszentrum Müritzeum mit Herrensee.

Das Stavenhagen-Gatschower Os ist mit über 30 km Länge der längste Oszug des norddeutschen Vereisungsgebietes. Ein Os (Plural: Oser) ist ein lang gestreckter, an einen Eisenbahndamm erinnernder, meist gewunden verlaufender Geländerücken. Im Gegensatz zu Wallmoränen sind Oser Flussablagerungen, die ihr Bett in Rinnen auf, in Röhren im und in Tunneln unter dem Gletschereis hatten. Mit dem Abschmelzen des Eises sanken diese Ablagerungen langsam auf den heutigen Boden und bildeten die „Dämme".

Der Tagebau Neubrandenburg-Hinterste Mühle ist der älteste noch aktive Kiessandtagebau in Mecklenburg-Vorpommern. 1994 wurde bei Abraumarbeiten eine ungestörte Schichtfolge der Eem-Warmzeit, der Warmzeit zwischen Saale- und Weichsel-Kaltzeit, freigelegt. Es handelt sich um das einzige vollständige festländische Profil dieser Warmzeit in Mecklenburg-Vorpommern und wurde 2001 zum Naturdenkmal erklärt. Eine Infotafel findet man beim nahe gelegenen Findlingsgarten, der aus 31 im Tagebau gefundenen Findlingen besteht.

Das Müritzeum

Dieses Naturerlebniszentrum mit Deutschlands größtem Süßwasseraquarium für heimische Fische eröffnete 2007 seine Tore. Seine Sammlungen entstammen aus dem „Maltzaneum“, das 1866 nach seinem Stifter Freiherr Hermann von Maltzan (1841–1891) benannt wurde und das erste Naturhistorische Museum Mecklenburgs war. Mit der Dauerausstellung „Haus der 1.000 Seen“ werden die Schönheiten der Mecklenburgischen Seenplatte und des Müritz-Nationalparks lehrreich und spielerisch für jede Altersgruppe präsentiert.

Ein besonderes Highlight ist die Präsentation der letzten verbliebenen naturnahen Buchenwälder Deutschlands, der Serrahner Berge, die seit 2011 zusammen mit vier weiteren deutschen Buchenwäldern ins UNESCO-Weltnaturerbe aufgenommen wurden.

DD

Weitere Informationen unter:
www.mueritzeum.de
www.lung.mv-regierung.de/insite/cms/umwelt/geologie/geotope/geotouristik/geopark.htm
www.geoverein-nb.de

Literatur:

Geowissenschaftlicher Verein Neubrandenburg e.V. (Hrsg.) (2003): Auf den Spuren der Eiszeit. Geopark Mecklenburgische Eiszeitlandschaft. – 76 S.; Neubrandenburg.

Börner, A. (2012): Mecklenburgische Eiszeitlandschaft. Rinnenseen und Riesensteine. – Streifzüge durch die Erdgeschichte, 144 S.; Wiebelsheim.

Schulz, W. (2003): Geologischer Führer für den norddeutschen Geschiebesammler. – 510 S.; Schwerin.

Gestaucht und gedrückt in eisigen Zeiten – Die Insel Rügen

Die Insel Rügen ist wegen ihrer weißen Kreidefelsen, die bereits um 1818 der berühmte Maler Caspar David Friedrich in seinem Gemälde „Kreidefelsen auf Rügen" verewigt hat, weltweit bekannt. Dabei kamen diese Kreidefelsen erst durch die Einwirkung der nordischen Gletscher ans Tageslicht.

Ein Schlamm aus Algenskeletten

Ursprünglich bildeten sich die Massen der blendend weißen Schreibkreide vor ca. 70 Millionen Jahren, in der gleichnamigen Kreidezeit, in einem vielleicht 200 m tiefen Meer. Lieferant der Hauptmasse des Kreidekalks war eine Algensorte, deren Körper mit winzigen Kalkplättchen ummantelt war. Beim Absterben lieferten diese den Kalkschlamm, in dem auch die Gehäuse von Muscheln, Seeigeln und vieler anderer Tiere aus dem Oberkreidemeer, das damals auch Mitteleuropa überflutete,

Abb. 1 Der weiße Kreidefels der Wissower Klinke, eingerahmt von je einer Rutschung des Moränenmaterials.

Abb. 2
Blick auf einen ca. 1 km langen Steilküstenabschnitt von Rügen. Die einzelnen Kreidepartien sind von leichter erodierbaren Moränenstreifen getrennt.

eingebettet wurden. Darüber lagerten sich dann die Gesteine jüngerer Erdzeitalter ab. Deshalb sollten die Kreidegesteine – zumindest auf Rügen – eigentlich gar nicht an der Oberfläche liegen. Die Kreide befindet sich z. B. bei der kaum 10 km von Rügen entfernten Insel Hiddensee 50 m unter dem Meeresspiegel.

Den Untergrund quetschende Gletscher

Während der Vereisung des Ostsee-Gebietes in zurückliegenden Kaltzeitphasen kam es aber zu einer Deformation der Gesteinsschichten der Oberen Kreide mit einem Teil der bereits auf der Kreide abgelagerten Moränen. Nach allem, was man bisher weiß, traf zuerst ein Eisvorstoß aus Nordosten auf ein im Untergrund liegendes Hindernis, quetschte während des Vorangleitens immer neue Schubspäne aus Schreibkreide mit aufliegender Moräne vom Untergrund ab und stapelte diese ähnlich einer Bugwelle dachziegelartig aneinander. Zwischen den „Dachziegeln" aus Kreideschichten liegt daher jeweils eine Lage der alten Moränen. So entstand eine ganze Staffel von nordwest-südost streichender Geländerücken. Dann traf ein Eisvorstoß aus Südosten das gleiche Hindernis und produzierte eine südwest-nordost streichende Staffel. Diese beiden unterschiedlich ausgerichteten Geländerückenstaffeln bauen den hügeligen Hauptteil Rügens auf.

Über diesem „alten Kern" liegt als ungestörte Decke die vor ca. 17.000 bis 15.000 Jahren vom jüngsten lokalen Gletschervorstoß abgelagerte Moräne. Es ist daher berechtigt anzunehmen, dass die Hauptentstehungszeit Rügens zwischen der Maximalvereisung der Weichsel-Kaltzeit vor ca. 20.000 Jahren und der Ablagerung der jüngsten Moräne liegt.

Feuerstein und Nationalpark

Abb. 3
Durch Wellengang bewirkte Sortierung der Gesteinsgröße haben sich an manchen Stellen auf Rügen Feuersteinfelder gebildet, wie hier bei Neu Mukran.

In den Kreideschichten fallen besonders die klar erkennbaren Bänder aus Feuerstein auf. Aufgrund dieser Feuersteinschichten ist auch für den Laien sofort ersichtlich, dass die Rügener Kreidegesteine nicht mehr wie normal üblich horizontal gelagert, sondern steil gestellt und oft auch verfaltet sind.

Abb. 4
Feuersteinbänder in der Rügener Kreide.

Abb. 5
Das Nationalpark-zentrum am Königsstuhl vermittelt in einer Erlebnisausstellung auch viel Wissenswertes über die eiszeitliche Naturgeschichte der Insel.

Wegen dieser besonderen Lagerungsverhältnisse und den damit einhergehenden Besonderheiten in den Landschaftsformen und der Vegetation wurde 1990 auf der Halbinsel Jasmund der mit 3.003 ha kleinste Nationalpark Deutschlands ausgerufen. Im Nationalpark-Zentrum Königstuhl gibt es dazu eine interaktive Erlebnisausstellung. Seit 2011 ist ein Teil des Buchenwalds im Nationalpark auch als UNESCO-Welterbe gelistet.

RD

Weitere Informationen unter:
www.koenigsstuhl.com
www.nationalpark-jasmund.de

Literatur:
Niedermeyer, R.-O., Lampe, R., Janke, W., Schwarzer, K., Duphorn, K., Kliewe, H. & Werner, F. (2011): Die deutsche Ostseeküste. – Sammlung geologischer Führer, Bd. 105, 370 S.; 2., völlig neu bearbeitete Auflage, Stuttgart.

Gewichtiger Bote aus eisigen Zeiten –

Der Findling „Alter Schwede“ bei Hamburg-Övelgönne

33

Hamburg

Eigentlich sind sie ja gar nicht selten, die Findlinge, die man auch erratische Geschiebe nennt. „Errare“ ist lateinisch und bedeutet sich irren, verirren. Gemeint sind damit Gesteine, die eigentlich gar nicht an ihrem Lagerplatz liegen dürften, weil kein unmittelbarer Herkunftsort ersichtlich ist. Es handelt sich also um Exoten, um Fremdlinge, die man zwischen den einheimischen Gesteinen findet, daher der Begriff Findling.

„Findling“ hat aber auch die Bedeutung von „ungewöhnlich groß“. Ein Goldkorn im Kalksand wird niemand als Findling bezeichnen, selbst wenn es ein Volumen von 1 Liter hätte. Ein Findling beginnt umgangssprachlich vielleicht bei einem Volumen von einem halben Kubikmeter.

Entdeckung in der Fahrrinne

Aus der Elbe bei Hamburg wurde nun im Oktober 1999 ein sehr großer Findling geborgen. Er wurde beim Ausbaggern einer Fahrrinne in

Abb. 1 Landseitiger Blick auf den Findling „Alter Schwede“ und die Elbe.

Abb. 2
Blick von einem Schiff auf die elbzugewandte Seite des großen Findlings aus braungrauem Växjö-Granit im Februar 2012.

15 m Tiefe gefunden. Taucher umfingen ihn mit Seilen, sodass er von einem Schwimmkran mit einer Tragkraft von 1.600 t angehoben und am Kranarm gewogen werden konnte: 217 t. Der Schwimmkran setzte den Findling dann am Elbe-Ufer bei Övelgönne auf einem vorbereiteten Platz ab.

Sein Gestein, ein grauer Granit vom „Växjö"-Typ, weist eindeutig darauf hin, dass er aus der südostschwedischen Region Ostsmåland stammt. Das dürfte ihm den Namen „Alter Schwede" eingebracht haben. Die

Abb. 3
Erster Bergungsversuch des Findlings im Herbst 1999. Kurz nach dieser Aufnahme löste sich der Felsblock aus den Seilen und rutschte wieder in die Elbe.

Abb. 4
Nahaufnahme des Granits vom „Alten Schweden" (Maßstab = 5 cm). Deutlich zu erkennen sind ein gleichkörniges Gefüge und unterschiedlich farbige Gesteinskomponenten (braungrau = Kalifeldspäte, blassgelb = Plagioklase, schwarz = Biotit, grau bis blaugrau = Quarz).

Tatsache, dass zwischen dem Fundort in der Elbe und dem Herkunftsort die Ostsee liegt, lässt die Frage aufkommen: Wie kam der Riesenbrocken denn hierher?

Sein Umfang von fast 20 m, bei einer Breite zwischen 7,9 und 5,2 m, sowie der Höhe von 4,5 m weist ihm einen Platz unter den größten Findlingen Norddeutschlands zu. Noch größere Findlinge sind der Buskam vor Rügen mit 1.600 t oder auch der Große Stein von Altentreptow mit ungefähr 400 t. Solche Kaliber wurden sicher nicht von Flüssen transportiert, sondern vom skandinavischen Inlandeis, das mit seinen Vorstößen zum Teil bis an den Harz heran reichte. So zeigt der „Alte Schwede" auf seiner Oberfläche auch Schliffspuren, die er sich während des Eisschubes zugezogen hat. Die Tatsache, dass er aus Växjö-Granit besteht, legt nahe, dass er ungefähr im Verlauf der heutigen Ostseesenke transportiert worden ist. Es wird angenommen, dass er während der Elster-Kaltzeit (450.000 bis 320.000 Jahre vor heute) an seinen Liegeplatz in der Elbe verfrachtet worden ist. Aus dieser Kaltzeit wäre er damit der älteste Großfindling in Deutschland. Alle anderen wurden während der jüngeren Eiszeiten abgelagert. Sein geologisches Alter ist mit ca. 1,8 Milliarden Jahren viel höher als sein Ablagerungsalter.

Der „Alte Schwede" ist heute ein Geotop von 32 weiteren im Hamburger Stadtgebiet und wurde illegalerweise schon einmal kurzzeitig vollständig „vergoldet" – ein Riesengoldkorn am Strand der Elbe.

RD

Weitere Informationen unter:
www.hamburg.de/geotourismus-geologie/144844/alter-schwede-altona.html

Literatur:

Vinx, R. (1999): Der Elbfindling von Hamburg-Övelgönne. – Geschiebekunde aktuell, Bd. 15, Nr. 4, S. 107–110; Hamburg.

34 Mit Pfeil und Bogen auf Rentierjagd – Stellmoor im Ahrensburger Tunneltal

Ahrensburg

Vor ca. 20.000 Jahren reichte der Rand des skandinavischen Eisschilds bis knapp nördlich an Hamburg heran. Weltweit war so viel Wasser als Eis gebunden, dass der mittlere Meeresspiegel ca. 130 m tiefer lag und ein Großteil des heutigen Nordseebodens Festland war.

Schmelzwässer gruben unter dem Eis lang gestreckte Rinnen in den Boden, die nach dem Abschmelzen des Eises als „Tunneltäler" erhalten blieben. Vom aktiven Gletscher abgetrennte und in die Tunneltal-Ablagerung eingebettete Eismassen (Toteis) ließen nach deren Abschmelzen wassergefüllte Löcher (Toteislöcher) entstehen. Diese füllten sich später mit Ablagerungen, welche die Landschafts- und Klimageschichte bis heute dokumentieren.

Menschen im Tunneltal

Das zwischen Hamburg-Rahlstedt und Ahrensburg gelegene Ahrensburger Tunneltal ist so eine Talrinne. Der Hamburger Prähistoriker Alfred Rust (1900–1983) entdeckte um 1930 auf den aus dem Talgrund herausragenden Hügeln Feuersteinwerkzeuge. In den Seeablagerungen der Toteislöcher fand er auch viele organische Reste, die einen Einblick in die Nutzung vergänglicher Materialien durch den Menschen

Abb. 1
Das Ahrensburger Tunneltal in der Gegend des Stellmoorer Hügels, bei dem die Grabung Stellmoor durch Alfred Rust in den 1930er Jahren stattfand.

Abb. 2
Der Alfred-Rust-Weg führt mit der schwimmenden Ahrensburger Moorbrücke über das Stellmoor.

geben. Die Rentierjäger dieser als Ahrensburger Kultur (12.710–11.600 Jahre vor heute) genannten Zeit lebten in der späteiszeitlichen Tundra des nördlichen Mitteleuropa, in der sie die wandernden Rentiere jagten. Sie stellten ihre Rundzelte auf den flachen Hügeln über dem sumpfigen Talboden auf, wo nur ihre Steinwerkzeuge und die Steinsetzungen der Zelte die Zeit überdauert haben. Die Toteistümpel wurden sowohl als Abfallgrube als auch wegen des eiskalten Wassers als Vorrats"schrank" – wie Funde von ganzen Rentierskeletten nahelegen – genutzt.

Über hundert Pfeilschäfte und die typischen Feuersteinstielspitzen belegen den Gebrauch der Bogenwaffe schon vor ca. 12.000 Jahren. Die Einschussrichtung der in Rentierknochen steckenden Feuersteinprojektile deutet auf Treibjagd hin, was die hohe Anzahl von Rentieren (650) in den Schichten der Ahrensburger Kultur erklärt. 1935/36 erkannte Rust in der Grabung Stellmoor, dass unter der Ahrensburger Kulturschicht noch eine ältere liegt: die sog. Hamburger Kultur. Diese ist ungefähr 1.000 Jahre älter und existierte während der ersten deutlichen Erwärmungsphase des Spätglazials (14.650–13.800 Jahre vor heute).

Die Rentiere wurden zu dieser Zeit sehr wahrscheinlich einzeln mit Speer und Speerschleuder gejagt (sog. Pirschjagd), was sich in der deutlich geringeren Zahl (127) an getöteten Rentieren niederschlug. Man erlegte aber auch Pferde und Niederwild sowie Vögel und Fische. Die Träger der Hamburger Kultur lebten in Stangenzelten, wie an einem Grundriss in der Fundstelle Poggenwisch nachgewiesen werden konnte.

Funde und Wanderweg

Die Originalfunde aus dem Ahrensburger Tunneltal befinden sich in den Sammlungen des Archäologischen Museums Hamburg in

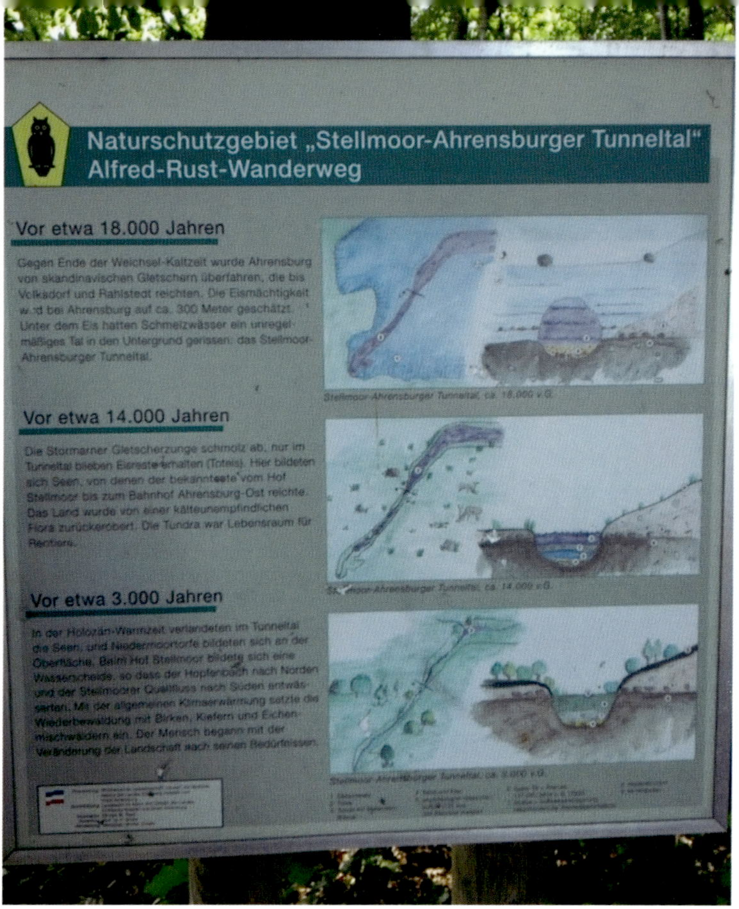

Abb. 3
Die Tafel mit Erläuterungen zur Tunneltalentstehung am Alfred-Rust-Weg.

Hamburg-Harburg und des Museums für Archäologie Schloss Gottorf in Schleswig.

Heute ist das Ahrensburger Tunneltal ein 339 ha großes Naturschutzgebiet der Stadt Ahrensburg und Grabungsschutzgebiet. Entlang des 2005 eröffneten, 6 km langen Alfred-Rust-Wanderweges erläutern mehrere Infotafeln die eiszeitliche Entstehung und die archäologischen Besonderheiten des Tunneltals.

RD

Weitere Informationen unter:
www.amh.de
www.museum-fuer-archaeologie.de
www.ahrensburg.de/media/custom/2603_3450_1.PDF?15857223326

Literatur:

Baales, M. & Terberger, T. (2016): Welt im Wandel. Leben am Ende der Eiszeit. – 112 S.; Darmstadt.

Von zwei Eiszeiten geformt –

Der Bungsberg bei Oldenburg (Holstein)

35

Oldenburg (Holstein)

Der Bungsberg liegt ca. 17 km südwestlich von Oldenburg in Holstein (Kreis Ostholstein). Die höchste Erhebung Schleswig-Holsteins liegt mit 167,4 m ü. NHN im Nordosten des Naturparks Holsteinische Schweiz.

Eine Insel in der Eisdecke

Es handelt sich beim Bungsberg um eine Endmoräne, die bei einem Gletschervorstoß in der vorletzten, der Saale-Kaltzeit, entstanden ist.

Die Preetz-Plöner Eiszunge und die Eutiner-Eiszunge der anschließenden Weichsel-Kaltzeit konnten den Berg aufgrund seiner Höhe nicht überdecken, sondern nur umströmen und bildeten einen sog. Nunatak. Ein Nunatak (aus dem grönländischen Nunataq, „Einsamer Berg“) ragt wie eine „Insel“ in Gebieten mit permanenter Eisdecke, Eisfeldern oder Gletschern heraus. Nunataks sind durch Prozesse der Frostverwitterung im Allgemeinen kantig und zerklüftet.

Abb. 1 Blick vom Aussichtsturm Hessenstein nach Nordwesten auf den Bungsberg, der höchsten Erhebung Schleswig-Holsteins.

Abb. 2
Blick von der Plattform des Fernmeldeturms auf das Naturbildungszentrum „Erlebnis Bungsberg".

Aussichtspunkt und Winterfreuden

Der Bungsberg ist ein beliebter Aussichtspunkt, von dem aus man bei gutem Wetter die Ostsee sehen kann. Auf dem Rücken befinden sich ein Aussichtsturm, ein Fernmeldeturm und mit 249 m der höchste Sendemast Schleswig-Holsteins. Der Elisabethturm wurde 1863 und 1864 vom Großherzog von Oldenburg für dessen Frau Elisabeth errichtet. Der neugotische, achteckige Aussichtsturm besteht aus Granitquadern und ist 22 m hoch.

Im Winter ist der Bungsberg mit dem nördlichsten Skigebiet Deutschlands und dem einzigen in Schleswig-Holstein eigenen Schlepplift ein weiterer Superlativ innerhalb Deutschlands. Im Jahr 2013 investierten der Zweckverband Bungsberg und die Stiftung der Sparkasse Ostholstein in das Projekt „Bildungsspaß Ostholstein", um die Attraktivität des Bungsbergs als Ausflugsziel für die ganze Familie und als außerschulischen Lernort zu fördern. Der Lernort „Erlebnis Bungsberg" soll die Geschichte seit den Eiszeiten und das Leben in den jeweiligen Epochen erfahrbar machen.

Eine Schweiz ohne große Berge

Der Naturpark Holsteinische Schweiz befindet sich im Dreieck Bad Segeberg, Schönwalde am Bungsberg und dem Selenter See der Kreise Ostholstein, Plön und Segeberg.

Abb. 3 Der größte Binnensee Schleswig-Holsteins, der Große Plöner See, mit mehr als 20 Inseln.

Landschaftsbildend sind die Seen und Hügel des ca. 75.000 ha großen Naturparks im Östlichen Hügelland, die hauptsächlich durch die Weichsel-Kaltzeit geprägt sind. Die hügelige Landschaft, die auch für den romantischen Namen „Schweiz" des Naturparks verantwortlich ist, entstand durch jahrtausendelanges Vordringen und Abtauen der Gletscher. Im Gegensatz bilden sich auch tiefe Becken, die sich mit Wasser füllten, z. B. der Große Plöner See und der Selenter See. Nach dem Gletscherrückgang blieben große Eisbrocken zurück, die mit der Zeit auftauten und dadurch sog. Toteisseen wie der Kolksee bei Kasseedorf und der Ukleisee entstanden. Über 200 große und kleine Seen umfasst das Gebiet des Naturparks Holsteinische Schweiz.

Eine Besonderheit in der Region ist die Segeberger Kalkberghöhle: Die zweitlängste Gipshöhle Deutschlands ist die einzige Schauhöhle Schleswig-Holsteins und zugleich die nördlichste in Deutschland.

DD

Weitere Informationen unter:
www.erlebnis-bungsberg.de
www.naturpark-holsteinische-schweiz.de

Literatur:

Meyer, D. (2019): Schleswig-Holstein. Eine Landschaftsgeschichte. – 232 S.; Heide.

Niedermeyer, R.-O., Lampe, R., Janke, W., Schwarzer, K., Duphorn, K., Kliewe, H. & Werner, F. (2011): Die deutsche Ostseeküste. – Sammlung geologischer Führer, Bd. 105, 370 S.; 2., völlig neu bearbeitete Auflage, Stuttgart.

36 Am Ort des eisigen Geschehens – **Eiszeit-Haus und Findlingsgarten in Flensburg**

Flensburg

Flensburg liegt im Nordwesten der Halbinsel Angeln im Kreis Schleswig-Flensburg an der deutsch-dänischen Grenze.

Die Landschaft im Westen der deutschen Ostseeküste bestimmen vier Förden, also schmale, langgezogene Meeresbuchten. Von Norden nach Süden sind es die Flensburger Förde, die Schlei, die Eckernförder Bucht und die Kieler Förde. Nicht nur diese tiefen und lang gestreckten Talformen mit bis zu ungefähr 65 m hohen Seitenmoränen, sondern auch Tunneltäler, wie das von Krusau, wurden im Wesentlichen durch Gletscherzungen des skandinavischen Eisschildes während der Weichsel-Kaltzeit geschaffen. Das im Bereich der Jütischen Halbinsel vorwiegend südwestwärts fließende Gletschereis brachte aber auch Gesteinsmaterial aus Skandinavien mit. Die auf, im und unter dem Eis transportierten Materialien waren vollkommen unsortiert, mit Korngrößen, die von der Tonfraktion bis hin zu zimmergroßen Blöcken reichten. Direkt am Eisrand wurde die ausgeschmolzene Steinfracht abgelagert und bildete die Moränen. Je nach relativer Lage zum abschmelzenden Gletscher wird in Seitenmoränen, Endmoränen und Grundmoränen unterschieden.

Der Museumsberg im Flensburger Stadtteil Westliche Höhe ist so eine Ablagerung einer Endmoräne. Nach dem Abschmelzen des Flensburger Gletschers entstanden aus – zusammen mit den Moränen abgelagerten und dann abgeschmolzenen – Toteisblöcken zahlreiche Toteisseen, wie

Abb. 1 Das Eiszeit-Haus im Christiansenpark beinhaltet das geologisch-paläontologische Schaumagazin des Naturwissenschaftlichen Museums Flensburg.

Abb. 2
Geschiebesammlung an der Rückseite des Eiszeit-Hauses. Am rechten Bildrand ist ein Findling aus Växjö-Granit erkennbar.

z. B. der Niehuussee, nordwestlich von Flensburg an der deutsch-dänischen Grenze.

Das Eiszeit-Haus

Das Eiszeit-Haus am Museumsberg in Flensburg beinhaltet das geologisch-paläontologische Schaumagazin des Naturwissenschaftlichen Museums Flensburg. Diese erdgeschichtliche Sammlung befindet sich seit 1997 im Kutscherhaus, einem historischen Gebäude im Christiansenpark westlich des Museumsbergs.

Die geologischen, mineralogischen und archäologischen Sammlungen des Flensburger Lehrers Hans Philippsen (1866–1926) bilden die Basis der Schausammlung, die seit 1913 öffentlich zugänglich ist. Das Thema Eiszeit wird besonders durch die Geschiebe- und Fossiliensammlungen

Abb. 3
Geschiebesammler an der Flensburger Förde. Eine Exkursion aus dem Veranstaltungsprogramm des Eiszeit-Hauses.

Abb. 4 Windkanter im Außengelände vom Eiszeit-Haus im Christiansenpark in Flensburg. Kantig in Form geschliffen durch sandhaltigen Wind.

vermittelt. Über Jahrzehnte hin vergrößerten und ergänzten verschiedene Privatsammler die Sammlungen. Mithilfe dieser unterschiedlichsten Objekte aus der Region wird das Thema Eiszeit rund um Flensburg für Groß und Klein anschaulich erläutert. Neben vielerlei Veranstaltungen werden in den Sommermonaten auch geführte Strandwanderungen angeboten, bei denen man nordische Geschiebe selbst sammeln kann.

Findlingsgarten

Die von den Gletschern zum Teil über Hunderte von Kilometern an ihre jetzigen Lagerplätze verfrachteten Findlinge werden oft gesammelt und nicht nur wegen ihrer Größe als Besonderheiten angesehen.

Da man die Herkunft der Findlinge oft anhand ihrer Gesteinsausbildung ganz bestimmten Herkunftsorten zuordnen kann, ergeben sich wichtige Erkenntnisse über den Transportweg und damit über die Fließrichtung der Gletscher. Im Findlingsgarten hinter dem Eiszeit-Haus befinden sich rund 20 solcher gewichtigen Gesteine, die aus verschiedenen Stadtteilen Flensburgs zusammengetragen wurden. Bemerkenswert ist neben einem 11 t schweren Växjö-Granit aus Südostschweden, der bei Kanalarbeiten gefunden wurde, auch ein 4 t schwerer tertiärer Kalksandsteinblock mit Muscheln der Gattung *Pectunculus*, welcher aus dem Hafenbecken gebaggert wurde.

DD

Weitere Informationen unter:
www.flensburg.de/eiszeithaus
www.naturwissenschaftliches-museum.de/de/
www.strand-und-steine.de/index.htm

Literatur:
Meier, D. (2021): Zwischen Nord- und Ostsee. Tagestouren in die Landschaftsgeschichte. – 208 S.; Heide.
Rothe, P. (2019): Die Geologie Deutschlands. 48 Landschaften im Portrait. – 288 S.; 5. Auflage, Darmstadt.

Für Informationen, Bildvorlagen und Hinweise danken wir herzlich:

Lothar Altringer/Bonn, Vera Bartolović/Düsseldorf, Britta Bock/ Mannheim, Enrico Brühl/Bilzingsleben, Walter Droop/Ahrensburg, Karin Franz/Waren (Müritz), Monika Frohriep/Sangerhausen, Monika Groihs/Wien, Thomas Huth/Denzlingen, Olaf Jöris/Neuwied, Ulrich Joger/Braunschweig, Baldur Junker/Freiburg, Stephan Kempe/Dieburg, Renate & Uwe Krüger/Rammingen, Dirk Leder/Hannover, Kerstin Meise/Flensburg, Frank Moseler/Neuwied, Thomas Rathgeber/Steinheim, Gabriele Russo/Tübingen, Nancy Sauer/Klein Kölzig, Ralf W. Schmitz/Bonn, Hans-Joachim Schumacher/Elmshorn, Frank Sirocko/ Mainz, Sabine Stolze/Buckow, Hanna Stuve/Eutin, Thomas Terberger/Hannover, Hubertus Ulsamer/Lenzkirch, Roland Vinx/Elmshorn, Rudolf Walter/Schelklingen, Maren Wank/Mannheim, Jutta Weber/ Lorsch, Mechtild Weber/Steffeln, Siegfried Wielert/Goslar, Volker Wrede/Kempen, Stephan Zaenker/Fulda, Henning Zellmer/Königslutter, Arndt Zimmermann/Mannheim.

Bildnachweis

Trotz sorgfältiger und intensiver Recherche war es nicht in allen Fällen möglich, die Urheberrechte zu ermitteln. Wir danken für jeden Hinweis, sollten Fehler, Mängel enthalten sowie Rechtsansprüche Dritter unberücksichtigt geblieben sein.

N. Anspach: S. 113 (Zeichnung); Archiv des ehemaligen Fördervereins Bilzingsleben – World Culture Monument: S. 103; Archiv Touristinformation Märkische Schweiz: S. 114–115; G. Beator: S. 116; Dr. G. Bechly, Wikimedia Commons, CC BY-SA 3.0: S. 51 (Abb. 2); T. Berwing, Wikimedia Commons, CC BY-SA 3.0: S. 53; Botaurus stellaris, Wikimedia Commons, CC BY-SA 3.0: S. 132 (Abb. 3); J. Braukmann, Wikimedia Commons, CC BY-SA 4.0: S. 67–68, 145; E. Brühl, Kindelbrück OT Bilzingsleben: S. 100–102; Chron-Paul, Wikimedia Commons, CC BY-SA 3.0: S. 138; Colling-architecktur, Wikimedia Commons, CC BY-SA 4.0: S. 76 (Abb. 4); E. Dahmer, Wikimedia Commons, CC BY-SA 4.0: S. 146; R. Darga: S. 28; W. Droop, Ahrensburg: S. 142–144; L. Fischer, Köln & Curt-Engelhorn-Zentrum für Archäometrie, Mannheim: S. 33; Gemeinde Steffeln, M. Weber: S. 76 (Abb. 5); Grabenstedt, Wikimedia Commons, CC BY-SA 3.0: S. 118 (Abb. 3); T. Huth, Denzlingen: S. 54, 56; D. Kasang, Wikimedia Commons, CC-BY-SA 3.0: S. 11; D. Keats, Wikimedia Commons, CC BY 2.0: S. 106 (Abb. 4); A. Kirch, Wikimedia Commons, CC Y-SA 4.0: S. 83 (Abb. 6); M. Kupetz: S. 113 (Entwurf); Lapplaender, Wikimedia Commons, CC BY-SA 3.0: S. 135, 137 (Abb. 3); T. Lehmann, Wikimedia Commons, CC BY-SA 3.0: S. 118 (Abb. 2); F. Liebig, Wikimedia Commons, CC BY-SA 3.0: S. 131; R. Lippert, Wikimedia Commons, gemeinfrei: S. 69; LVR-LandesMuseum Bonn: S. 83 (Abb. 5); V. Minkus, © Niedersächsisches Landesamt für Denkmalpflege: S. 122 (Abb. 3); MONREPOS | RGZM: S. 70; MONREPOS | RGZM | Foto: D. M. Schwab: S. 71 (Abb. 2); Müritzeum gGmbH: S. 133; Naturkundemuseum Siegsdorf: S. 23–24; Naturkundemuseum Siegsdorf nach einem Gemälde von F. Feistl: S. 25; Naturwissenschaftliches Museum Flensburg: S. 148–149; S. Nilsson, Wikimedia Commons, CC BY-SA 2.0: S. 136; Niteshift, Wikimedia Commons, CC BY-SA 3.0: S. 132 (Abb. 2); NLD & K. Cornelius, Wikimedia Commons, CC BY-SA 3.0: S. 130; NordNordWest, Wikimedia Commons, CC BY-SA 3.0: S. 88; P. Pfarr NLD, Wikimedia Commons, CC BY-SA 3.0: S. 128; P. Radke, LMBV: S. 111; S. Rahn, Wikimedia Commons, CC BY-SA 3.0: S. 150; T. Rathgeber, Steinheim: S. 50, 51 (Abb. 3), 52; Rinaldino für Naturhistorisches Museum Heilbronn: S. 109 (Abb. 4); W. Rosendahl, Mannheim: S. 17–18, 22, 26–27, 29–30, 31 (Abb. 4), 32, 34–49, 57–60, 61 (Abb. 3), 62–66, 72, 77–79, 81, 84–87, 92–99, 104, 106 (Abb. 5), 120–121, 122 (Abb. 4), 123, 129, 152; W. Rosendahl, Mannheim aus Schoetensack 1908: S. 61 (Abb. 2); W. Rosendahl, Mannheim, & NA-Verlag: S. 12–14; W. Sauber, Wikimedia Commons, CC BY-SA 4.0: S. 31 (Abb. 3); N. Sauer, UNESCO Global Geopark Muskauer Faltenbogen: S. 110, 112; A. Savin, WikiCommons, gemeinfrei: S. 117; Dr. H.-J. Schumacher, Elmshorn: S. 139; J. Serangeli, Wikimedia Commons, CC BY-SA 3.0: S. 127; Spengler-Museum Sangerhausen: S. 107–108; Spengler-Museum Sangerhausen, U. Stieglitz: S. 109 (Abb. 3); M. Süßen, Wikimedia Commons, CC BY-SA 4.0: S. 147; H. Ulsamer, Lenzkirch: S. 55; R. Vinx, Elmshorn: S. 140–141; J. Vogel, LVR-LandesMuseum Bonn: S. 82; R. Walter, Schelklingen (www.urgeschichte.net): S. 71 (Abb. 3), S. 137 (Abb. 4); L. Weigelt: S. 119; H. Weingartz, Wikimedia Commons, CC BY-SA 3.0: S. 80; S. Wielert, Goslar: S. 105; M. Wirtz, Schüller: S. 20; V. Wrede, Kempen: S. 89–91; www.elsa-projekt.de/ F. Sirocko: S. 73–75; H. Zellmer, Königslutter: S. 124–126.

Eine Zeitreise in die letzte Eiszeit wäre sicherlich ein Erlebnis und würde vieles erklären, was wir über archäologische Funde nicht wissen.